大气颗粒物的环境地球化学特征

——以包头市为例

周海军 著

中国环境出版集团 · 北京

图书在版编目（CIP）数据

大气颗粒物的环境地球化学特征：以包头市为例 / 周海军著 .
—北京：中国环境出版集团，2020.7
ISBN 978-7-5111-4363-1

Ⅰ. ①大… Ⅱ. ①周… Ⅲ. ①城市空气污染—粒状污染物—环境地球化学—研究—包头 Ⅳ. ① X513

中国版本图书馆 CIP 数据核字（2020）第 120058 号

出 版 人 武德凯
责任编辑 田 怡
责任校对 任 丽
封面设计 彭 杉

出版发行 中国环境出版集团
（100062 北京市东城区广渠门内大街 16 号）
网 址：http：//www.cesp.com.cn.
电子邮箱：bjgl@cesp.com.cn.
联系电话：010-67112765（编辑管理部）
010-67175507（第六分社）
发行热线：010-67125803，010-67113405（传真）
印 刷 北京中科印刷有限公司
经 销 各地新华书店
版 次 2020 年 7 月第 1 版
印 次 2020 年 7 月第 1 次印刷
开 本 787 × 1092 1/16
印 张 9.5
字 数 127 千字
定 价 60.00 元

前　言

随着工业化和城市化的迅速发展，颗粒物污染问题日益突出，已成为大气污染的核心问题。颗粒物作为长期影响空气质量的首要污染物，来源极其复杂。开展颗粒物污染特征、来源和形成机制的研究，是有针对性地开展颗粒物污染防治工作的前提和基础。

包头市作为干旱半干旱区典型的重工业城市，工业污染源排放量大，工业布局不合理，已形成“东铅业、西钢铁、南化工、北机械、周边电、小企业混杂于城”的工业围城局面，大气污染问题十分突出。

本书以包头市为研究区，研究人员分季节系统采集了 PM_{10}、$PM_{2.5}$ 样品和城市居民区积尘样品，开展了对颗粒物中水溶性离子、有机碳、元素碳、金属元素的时空分布特征、来源和形成机制的研究；采用化学计量学方法，总结了包头市大气颗粒物中典型污染物与重污染天气过程的响应关系；将 Tessier 形态分析法引入居民区积尘金属元素和稀土元素环境地球化学行为研究，初步判识了钢铁冶炼企业对包头市大气污染的影响范围，为包头市的大气颗粒物污染防治提供了科学依据和技术支持。

本书获得了内蒙古师范大学学术著作出版基金、内蒙古自然科学基金（2018MS02001）和内蒙古师范大学高层次人才科研启动经费项目（2018YJRC005）的资助。

对大气颗粒物污染特征、来源和形成机制的研究是目前环境科学研究中的热点和难点，涉及众多学科。由于作者水平有限，书中难免存在诸多疏漏和不足之处，恳请广大读者和同行专家批评指正。

作者

2020 年 7 月

目 录

1 绪论

1.1 研究背景

随着工业化和城市化的迅速发展，化石燃料的消耗量迅速增加，颗粒物污染问题日益突出，这不仅对人体健康造成了危害[1-3]，也引起了一系列的环境问题[4,5]。目前，颗粒物污染已成为大气污染的核心问题。研究表明[6-8]，京津冀及其周边地区呈现高颗粒物浓度与高臭氧浓度并存的区域性大气复合污染特征。京津冀及其周边地区作为全国区域性大气污染最为典型的区域，如何积极有效地落实《大气污染防治行动计划》，开展区域性大气污染联防联控的探索性和创新性研究，也已成为我国大气污染防治工作的重大尝试和突破口。颗粒物作为长期影响城市环境空气质量的首要污染物，来源十分复杂，既有人为排放源又有自然源；既存在有组织排放源又存在无组织排放源。在颗粒物污染较重、大气污染类型复杂、颗粒物来源不清的情况下，实现持续有效地改善颗粒物污染十分困难。

包头市作为干旱半干旱区典型的重工业城市，工业污染源排放量大，工业布局不合理，已形成“东铅业、西钢铁、南化工、北机械、周边电、小企业混杂于城”的工业围城局面[9]。《2013 年内蒙古自治区环境状况公报》中按《环境空气质量标准》(GB 3095—1996) 旧标准计算，包头市空气质量优良天数为 289 天，在执行旧标准的内蒙古自治区 15 个城市（包括包头、鄂尔多斯、巴彦淖尔、乌海、巴彦浩特、乌兰察布、锡林浩特、赤峰、通辽、乌兰浩特、呼伦贝尔、满洲里、阿尔山、牙克石和二连浩特）中环境空气质量达标天数最少。2014 年，按新《环境空气质量标准》(GB 3095—2012) 评价，包头市环境空气质量达标天数为 187 天，达标率仅为 52.1%，污染天数为 172 天，大气污染形势严峻。所以，开展包头市大气颗粒物的污染特征、来源和形成机制研究，是有针对性地开展包头市大气颗粒物污染防治工作的前提和基础，同时也能为京津冀及其周边地区和干旱半干旱区城市的大气污染防治提供重要的参考和借鉴。

1.2 研究现状

1.2.1 颗粒物污染

颗粒物 (particulate matter，PM) 是悬浮于大气中的细小固体和液体颗粒的复杂混合物[10]，其粒径从几纳米至几十微米不等。粒径是决定颗粒物性质的主要参数，能直接影响颗粒物的沉降速率及其在大气环境中的停留时间。大气颗粒物通常呈三模态分布，即爱根核模 (Aitken mode，粒径为≤0.08 μm)、积聚模 (accumulation mode，粒径为 0.08 ~ 2 μm) 和粗粒子模 (coarse mode，粒径为＞2 μm)(见图 1–1)[11]。积聚模态颗粒物主要由硫酸盐、硝酸盐、有机碳、元素碳、重金属和一部分地壳物质构成，主要来源于化石燃料和生物质燃烧等。爱根核模和积聚模合称为细颗粒物，主要通过冷凝作用和凝聚作用形成。粗粒子模态称为粗颗粒物，主要由地壳物质、花粉和海盐粒子组成，主要来源于机械过程所造成的扬尘、火山灰和风沙等。

不同粒径颗粒物的来源及其对环境和人体健康的危害不同，粒径＞10 μm 的颗粒物不易进入呼吸道，粒径＜10 μm 的颗粒物通常沉积在上呼吸道，而粒径＜2.5 μm 的颗粒物可进入肺泡，并可能导致心脏和肺部的疾病[12,13]。根据《环境空气质量标准》(GB 3095—2012)[14]，空气动力学当量直径≤10 μm

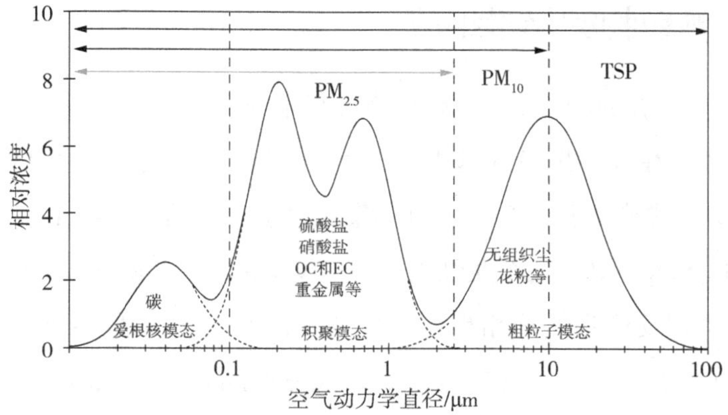

图 1-1　大气颗粒物三模态分布

的颗粒物称为 PM_{10}（也称可吸入颗粒物），空气动力学当量直径≤2.5 μm 的颗粒物称为 $PM_{2.5}$（也称细颗粒物）。颗粒物粒径越小，其比表面积越大，负载于颗粒物上的化学物质越多[15]，因此 $PM_{2.5}$ 更易吸附多环芳烃、重金属等有毒、有害物质，其对人体健康的危害也大于 PM_{10}。PM_{10} 和 $PM_{2.5}$ 中含硫酸盐、硝酸盐和黑炭等物质，它们可以深入肺部和心血管系统，给人类健康带来极大风险。世界卫生组织的《空气质量指南》指出，颗粒物浓度过高会导致全世界每年 300 多万人过早死亡，如果将颗粒物浓度从 70 μg/m^3 降到 20 μg/m^3，空气污染相关死亡率可减少约 15%[16]。根据《2014 中国环境状况公报》[17]，开展空气质量新标准中 6 项污染物监测的 161 个地级市中，仅有舟山、福州、深圳、珠海、惠州、海口、昆明、拉萨、泉州、湛江、汕尾、云浮、北海、三亚、曲靖和玉溪等 16 个城市空气质量达到国家二级标准，仅占 9.9%，其余 145 个城市空气质量均未达标，占 90.1%。161 个城市 PM_{10} 年均浓度为 35 ~ 233 μg/m^3，平均为 105 μg/m^3，PM_{10} 达标城市比例仅为 21.7%；$PM_{2.5}$ 年均浓度为 19 ~ 130 μg/m^3，平均为 62 μg/m^3，$PM_{2.5}$ 达标城市比例仅为 11.2%。由此可见颗粒物污染问题突出，解决颗粒物污染是我国目前和未来较长时间大气污染防治工作的重点。

1.2.2 颗粒物的化学组成

了解颗粒物的化学组成是准确分析其来源、物理化学特性、形成机制、传输过程和潜在健康风险的基础[18]。大气颗粒物的化学组成十分复杂，既有有机组分，也有无机组分；既有污染源直接排放的一次污染物，也有由气态前体物［SO_2、NO_x和挥发性有机物（volatile organic compounds，VOCs）等］通过均相反应和非均相反应生成的二次有机气溶胶（secondary organic aerosol，SOA）和二次无机气溶胶（secondary inorganic aerosol，SIA），既有本地污染源排放产生的颗粒物，也有经过长距离传输而来的颗粒物。

水溶性离子（water soluble ions，WSIs）是颗粒物的主要组分，直接影响大气降水的酸度，对地球辐射平衡、能见度、云凝结核等都有重要影响[19-22]。WSIs的形成主要与已有的气溶胶性质、气态前体物浓度、大气氧化能力、相对湿度和温度等气象条件有关[23-25]。WSIs可随着降水进入土壤，经过食物链进入生物体内，对环境和人体健康产生影响，因而受到国内外学者的关注[26,27]。WSIs主要来源于二次转化的SO_4^{2-}、NO_3^-和NH_4^+，这3种离子的浓度与气态前体物SO_2、NO_x和NH_3的浓度及他们在大气中的转化率有关，并受温度和湿度等因素的影响。燃煤电厂和车辆排放的SO_2和NO_2，可以通过各种均相反应和非均相反应，被氧化为颗粒态SO_4^{2-}和NO_3^-[28,29]。我国北方地区冬季燃煤取暖排放大量气态前体物，加上不利天气条件导致雾霾频繁发生，二次无机离子对霾形成的贡献较大[30]。研究表明，干旱和半干旱地区颗粒物中的离子组分主要包括沙尘组分（Ca^{2+}和Mg^{2+}）和二次无机离子组分（SO_4^{2-}、NO_3^-和NH_4^+）[31]。沙尘天和正常天Ca^{2+}和SO_4^{2-}、NO_3^-是最丰富的离子组分，而雾霾天SO_4^{2-}、NO_3^-和NH_4^+为主要离子组分[32]。

有机碳（organic carbon，OC）和元素碳（elemental carbon，EC）也是颗粒物的主要组分[33-39]。OC主要来源于直接排放的一次有机碳（primary organic carbon，POC）和挥发性碳氢化合物经过光化学反应生成的二次有机碳（secondary organic carbon，SOC）。OC 包括多环芳烃、正构烷烃、有机酸、羧基化合物、多氯联苯、醛酮类化合物等，其中大部分是有毒、有害的物质，甚至是致癌物质[40–42]。EC 是在化石燃料和生物质不完全燃烧的过程中产生的，它可以与气体（SO_2 和 NO_x）相互作用，形成对人类健康有影响的有毒物质[43–49]。EC 降低能见度的效率大约是有机物、硫酸盐、硝酸盐的 3 倍[50]。由于煤炭和生物燃料的大量使用，中国已成为全球碳气溶胶的主要来源[51,52]。OC 和 EC 对全球气候变化、太阳辐射、温室效应、大气能见度、大气物理化学过程以及人体健康方面都有重要的影响[10]。

金属元素是大气颗粒物的重要化学组分，尽管其含量较低，但其中的多种重金属元素会对人体健康产生危害，甚至有些元素会致畸和致癌。部分金属元素还可作为污染源的示踪物，可用于解析颗粒物的来源。因此，开展颗粒物中金属元素的污染特征、时空分布和来源研究，对深入探讨颗粒物的来源和输送关系具有重要意义。污染源排放的大部分有害金属元素易富集在细颗粒物上，而且颗粒物粒径越小，在大气中的停留时间越长，对人体健康的影响越大。夏、秋两季，Zn、Mn、Cu、K、Pb、As 和 Ba 等受人类活动影响的元素浓度远低于冬季，仅为冬季浓度的 20% ~ 50%[53]。与人类活动有关的 Ni、Pb、Cu 等元素更易在细颗粒物中富集[54]，在细颗粒物中的富集程度远高于粗颗粒物[55]，而与自然源相关的 Na、Mg、Al、Mn 和 Fe 等地壳元素主要分布于粗颗粒物中。此外，沙尘天气会使大气中的粗颗粒物浓度大幅增高，形成以 PM_{10} 为首要污染物的严重污染。沙尘暴期间颗粒物的组成主要以地壳元素为主，且这些元素主要分布在粗颗粒物中，而与人为污染有关的元素主要分布在细颗粒物中。沙尘暴期间 Si、Al、Fe、Ca 和 Ti 等元素的富集因子接近 1 或小于 5，这表明它们主要来自地壳源，而 Pb、Zn、Cd 和 Cu 等元素富集因子下降，As、Sb、Se 等元素富集因子升高[56]。

大气颗粒物化学组成和来源的报道主要关注集中在京津冀、长三角、珠三角等发达地区或湿度较大的地区，而有关沙尘暴季节性频发的干旱半干旱区城市方面的研究较少[57-59]。包头市作为干旱半干旱地区的重工业城市，煤炭消耗量达到 4 870 万 t，污染物排放量大，且春季沙尘暴频发[60]，大气颗粒物浓度远超大气环境容量和自净能力。同时，包头市的首要污染物已由可吸入颗粒物占主导转为可吸入颗粒物、细颗粒物、臭氧三者并存，污染类型已由过去显著的煤烟型污染向复合型污染转变[61]。尽管通过近几年的研究和探索，包头市的大气污染治理措施与环境质量改善已构成较好的响应关系，但有关包头市大气污染的研究主要集中在大气污染物时空分布特征、污染现状和沙尘事件等方面，亟须开展大气颗粒物时空分布特征、来源和形成机制等方面的研究，以期为包头市大气环境质量持续改善和“呼包鄂”城市群大气污染联防联控提供科学依据。

1.3 研究目的和意义

包头市的能源消费结构以煤炭为主[62]，是煤烟型大气污染较为严重的城市之一，特别是冬季取暖时燃煤使用量大幅增加，导致大气污染物排放量急剧上升，大气污染也越发严重。包头市作为内蒙古最大的工业城市，由于产业结构、工业布局和气象条件等原因，大气污染形势依然严峻。目前关于大气颗粒物化学组成和来源的报道大多关注集中在北京、上海和广州等城市，关于西部干旱半干旱区资源型城市的大气颗粒物化学组成和来源仍有待揭示和阐明。

结合包头市当前的 PM_{10} 和 $PM_{2.5}$ 污染形势，基于 PM_{10} 和 $PM_{2.5}$ 样品中水溶性离子、有机碳、元素碳、金属元素等的环境地球化学特征和居民区积尘样品中金属元素、稀土元素、多环芳烃的环境地球化学特征，研究包头市 PM_{10}、$PM_{2.5}$ 和居民区积尘污染特征及来源，研究不同污染过程（沙尘和雾霾）的大气污染特征、来源和形成机制，为包头市大气颗粒物的污染防治提出对策，为今后开展大气颗粒物污染来源解析工作奠定基础，为包头市大气环境质量持续改善和“呼包鄂”城市群大气污染联防联控提供科学依据。

1.4 研究内容和技术路线

1.4.1 研究内容

1.4.1.1 包头市大气污染物时空变化特征及影响因素

基于包头市 6 个国控自动监测点位的 PM_{10}、$PM_{2.5}$、SO_2、NO_2、CO 和 O_3 等空气质量自动监测数据，结合气温、相对湿度、大气压、风向、风速等气象数据，分析包头市大气污染物时空分布特征及影响因素。

1.4.1.2 PM_{10} 和 $PM_{2.5}$ 的环境地球化学特征

本书通过采集不同季节环境空气 PM_{10} 和 $PM_{2.5}$ 样品，分析大气颗粒物中的水溶性离子、有机碳、元素碳、金属元素等化学组分的污染特征、来源和形成机制，研究大气颗粒物中典型污染物与重污染天气过程的响应关系。

1.4.1.3 居民区积尘环境地球化学特征

使用 Tessier 形态分析法研究居民区积尘金属元素和稀土元素环境地球化学行为，分析金属元素和稀土元素的污染特征和来源，分析钢铁冶炼企业对包头市大气污染的影响范围。使用索氏提取 – 高效液相色谱法测定大气颗粒物中多环芳烃的浓度，分析多环芳烃的污染特征、来源和健康风险。

1.4.2 技术路线

根据功能区和污染源空间分布情况布设颗粒物采样点位，根据污染源排放季节特征、气象条件季节变化特征和环境空气污染物季节变化特征确定采样时间，采集 PM_{10} 和 $PM_{2.5}$ 颗粒物样品，测定 PM_{10} 和 $PM_{2.5}$ 颗粒物质量浓度、水溶性离子、有机碳、元素碳、金属元素等化学组分，研究各化学组分的时空分布特征和来源，分析大气颗粒物中常规污染物与重污染天气过程的响应关系。网格布点采集居民区积尘样品，分析居民区积尘样品中金属元素、稀土元素和多环芳烃的污染特征和来源，分析钢铁冶炼企业对包头市大气污染的影响范围。结合 PM_{10}、$PM_{2.5}$ 和居民区积尘环境地球化学特征分析结果，分析包头市大气污染特征和来源，提出大气污染防治对策（见图 1–2）。

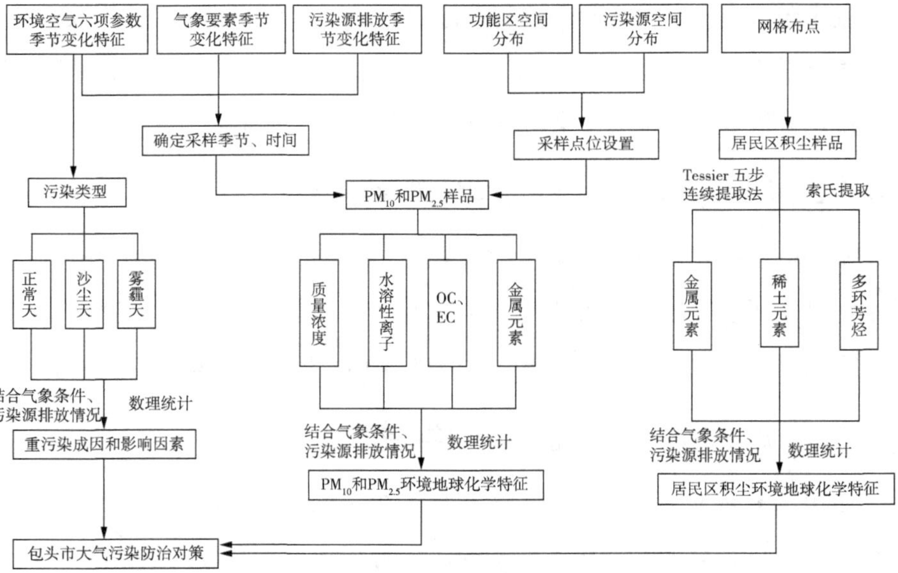

图 1–2　研究技术路线

2 研究区概况

2.1 地理位置

包头市位于内蒙古自治区西部（109°15′~110°26′E，40°15′~42°43′N），南临黄河，北依阴山山脉，海拔 1 067.2 m，市域总面积 2.78 万 km^2 常住人口 279.9 万人。

2.2 气象条件①

包头市属干旱半干旱区中温带大陆性季风气候，春季干燥多风，夏季降水集中，冬季干燥寒冷。全年有六个月（10 月 15 日—翌年 4 月 15 日）的供暖期，主要依靠燃煤供暖。降水主要集中在 7—9 月，5 月风速与降尘量均最大。春季日照最好，夏季气温最高，夏、秋两季相对湿度较大（见图 2–1）。全年风向以东南为主（见图 2–2），风向有明显的季节变化，夏、秋两季盛行东南风，冬、春两季东南风和西北风频率均较高（见图 2–3）。

① 气象数据由包头市气象局提供。

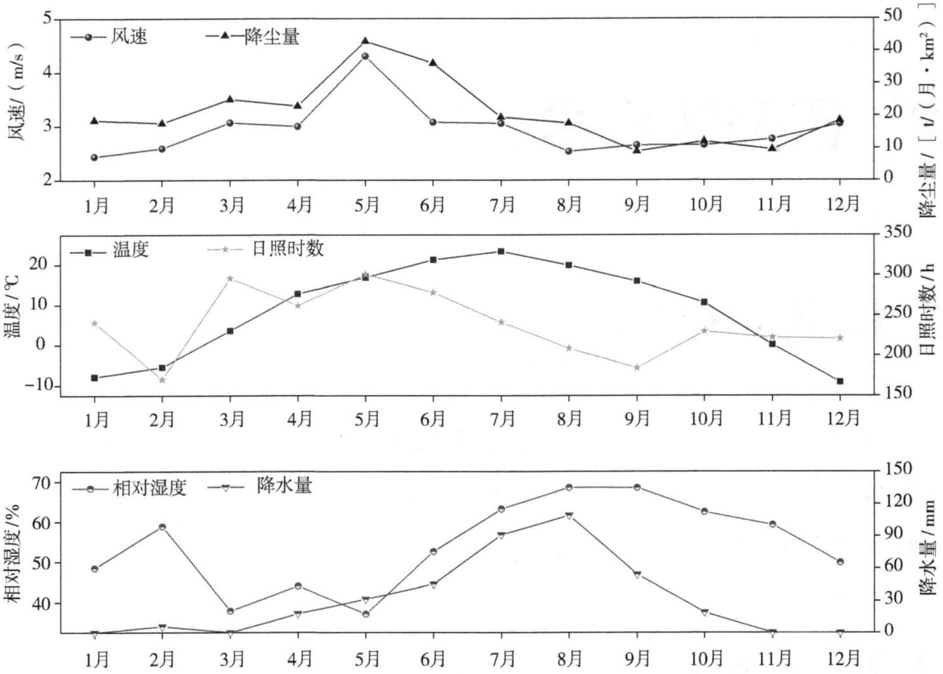

图 2-1 气象参数月变化

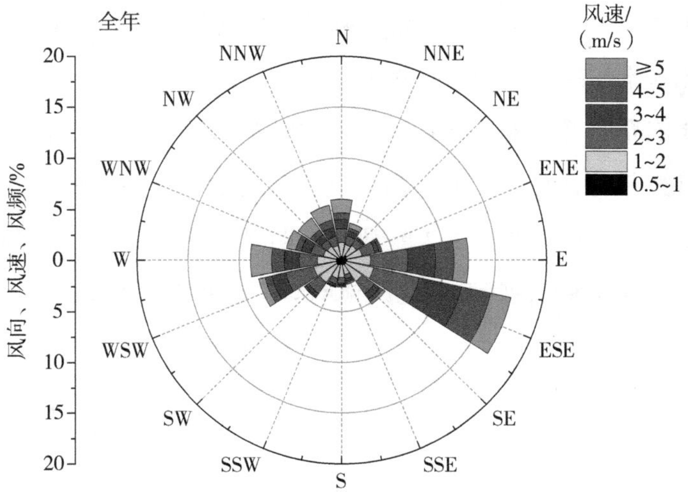

图 2-2 2014 年全年风玫瑰图

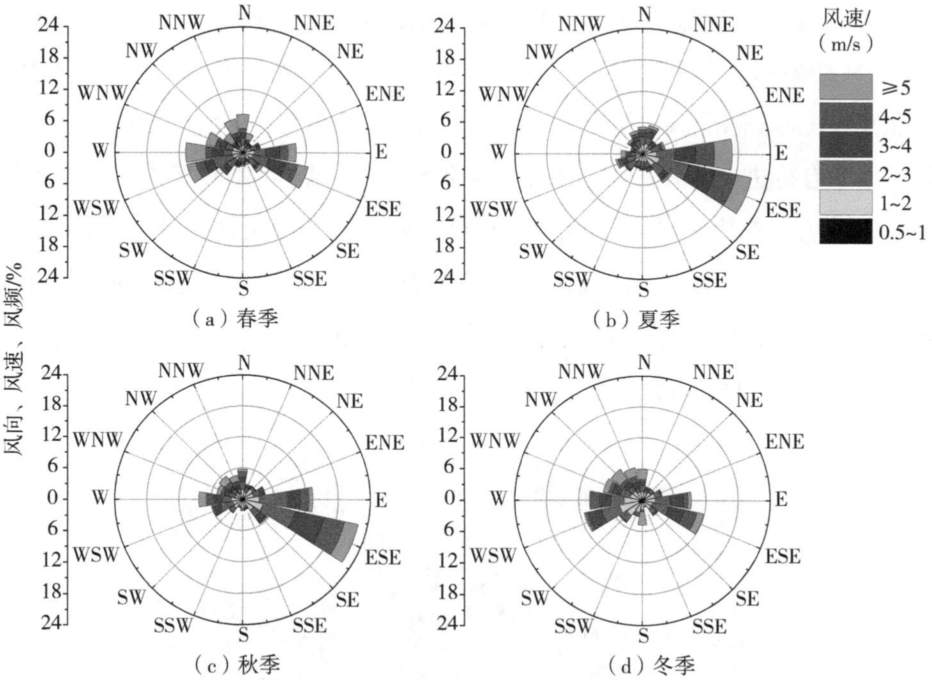

图 2-3　2014 年四季风玫瑰图

2.3 能源结构①

包头市是国家重要的工业基地和全球轻稀土产业中心，被誉为“草原钢城”和“稀土之都”。包头市主要以钢铁制造、有色金属、电力产业、稀土开发、机械制造、重型汽车和化工产业为支柱产业。包头市作为内蒙古最大的工业城市，工业污染物排放量大，工业布局不合理，已形成“东铝业、西钢铁、南化工、北机械、周边电、小企业混杂于城”的工业围城局面。

包头市能源消费结构以煤炭为主，2014 年包头市消耗原煤 4 400 万 t，与

① 能源结构数据来源于《包头统计年鉴》。

2013 年相比，增长 7.7%[62]；单位 GDP 能耗呈逐年下降趋势，从 2010 年的 1.37 t 标准煤 / 万元稳步下降至 2014 年的 1.12 t 标准煤 / 万元，但仍远高于同期北京（0.36 t 标准煤 / 万元）和广东（0.38 t 标准煤 / 万元）等城市，能源利用效率有待进一步提高。包头市煤炭消费量大，煤炭消耗集中在工业行业，包括，电力、热力生产和供应业，有色金属冶炼和压延加工业，石油加工、炼焦和核燃料加工业，化学原料和化学制品制造业，以及黑色金属冶炼和压延加工业。这 5 个重点行业原煤消耗量占总原煤消耗量的 99.5%，其中电力行业煤炭消耗量占总原煤消耗量的 48.3%（见图 2–4）。

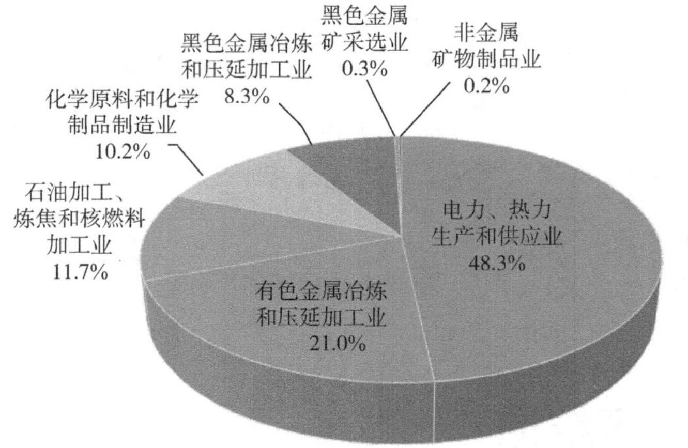

图 2–4　主要行业原煤消耗占比

2.4　大气污染物排放特征①

2.4.1　污染物排放行业特征

2014 年包头市不同行业污染源大气污染物排放情况如图 2–5 至图 2–7 所

① 污染源排放数据来源于环境统计数据。

示，电力、热力生产和供应业，黑色金属冶炼和压延加工业，以及有色金属冶炼和压延加工业为排放二氧化硫、氮氧化物和烟粉尘的主要行业。这三个行业的二氧化硫排放量分别占总排放量的34.4%、45.3%、17.5%，氮氧化物排放量分别占总排放量的56.0%、16.0%、19.2%，烟粉尘的排放量分别占总排放量的22.3%、61.8%、6.5%。电力、热力生产和供应业的氮氧化物排放占比最高，黑色金属冶炼和压延加工业的二氧化硫和烟粉尘排放量最大。

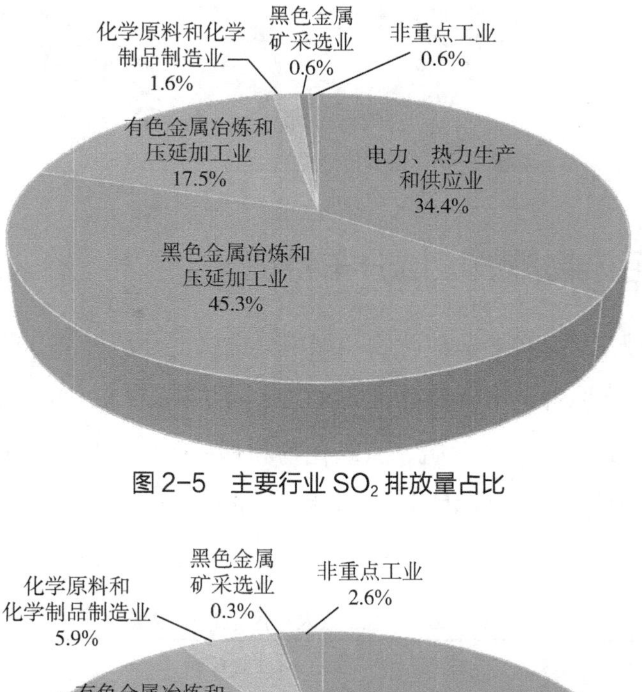

图 2-5　主要行业 SO_2 排放量占比

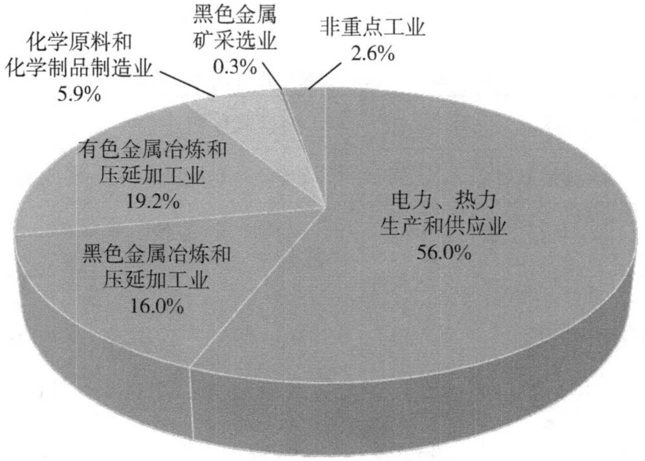

图 2-6　主要行业 NO_x 排放量占比

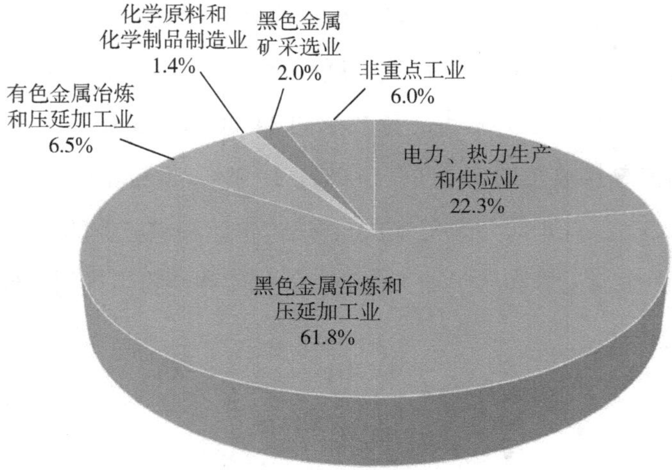

图 2-7　主要行业烟粉尘排放量占比

2.4.2　污染物排放区域分布特征

研究区域二氧化硫、氮氧化物和烟粉尘排放量分别为 13.00 万 t、8.53 万 t 和 8.45 万 t，分别占全市排放总量的 83.2%、89.9% 和 86.7%。昆都仑区各污染物排放量均最大，二氧化硫、氮氧化物和烟粉尘的排放量分别为 7.57 万 t、3.77 万 t、7.01 万 t，分别占全市排放总量的 48.4%、39.7% 和 71.9%（见表 2-1）。

表 2-1　2014 年工业大气污染物排放量汇总

区域	二氧化硫		氮氧化物		烟粉尘	
	排放量 / 万 t	占比 /%	排放量 / 万 t	占比 /%	排放量 / 万 t	占比 /%
东河区	0.74	4.7	0.58	6.1	0.29	3.0
昆都仑区	7.57	48.4	3.77	39.7	7.01	71.9
青山区	1.22	7.8	0.96	10.1	0.10	1.0
九原区	1.48	9.5	1.70	17.9	0.74	7.6
稀土高新技术产业开发区	2.00	12.8	1.52	16.0	0.31	3.2

续表

区域	二氧化硫		氮氧化物		烟粉尘	
	排放量 / 万 t	占比 /%	排放量 / 万 t	占比 /%	排放量 / 万 t	占比 /%
石拐区	0.04	0.3	0.03	0.3	0.34	3.5
白云鄂博矿区	0.09	0.6	0.03	0.3	0.06	0.6
土默特右旗	1.16	7.4	0.70	7.4	0.17	1.7
固阳县	1.26	8.1	0.09	0.9	0.55	5.6
达尔罕茂明安联合旗	0.07	0.4	0.11	1.2	0.18	1.8
包头市	15.63	—	9.49	—	9.75	—
研究区域	13.00	83.2	8.53	89.9	8.45	86.7

2.4.3 机动车污染物排放特征[①]

截至 2014 年，包头市机动车保有量为 56.11 万辆，其中载客汽车、轻型载货汽车和重型载货汽车分别为 43.23 万辆、4.65 万辆和 3.90 万辆，分别占机动车保有量的 77.0%、8.3% 和 7.0%（见图 2–8）。机动车排放的颗粒物、氮氧化物、一氧化碳和碳氢化合物排放量分别为 0.48 万 t、3.30 万 t、11.55 万 t 和 1.68 万 t。载客汽车排放的颗粒物、氮氧化物、一氧化碳和碳氢化合物分别占总排放量的 4.6%、15.2%、66.4% 和 49.9%。载客汽车对一氧化碳和碳氢化合物排放量贡献较大。虽然重型载货汽车保有量仅占机动车保有量的 7.0%，但其排放的颗粒物、氮氧化物、一氧化碳和碳氢化合物分别占机动车总排放量的 88.3%、77.4%、20.9% 和 37.8%（见图 2–9）。重型载货汽车燃烧的重油所排放的各类污染物占汽车排放总量的比例均较高，尤其是颗粒物和氮氧化物。

① 机动车污染物排放数据由包头市生态环境局提供。

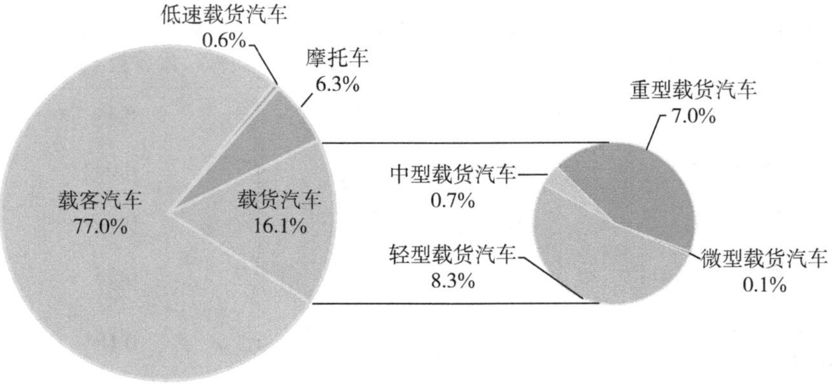

图 2-8　2014 年机动车类型分布

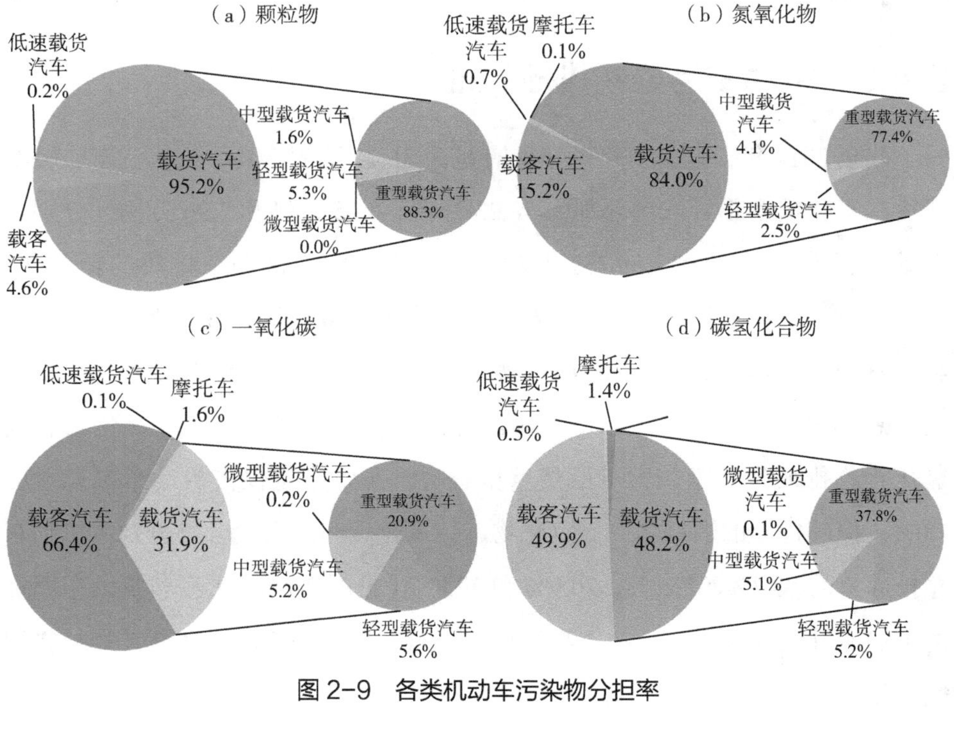

图 2-9　各类机动车污染物分担率

2.5 环境空气质量现状 ①

包头市共有 6 个环境空气自动监测国控点位（见图 2–10），分别为市环境监测站（青山区）、青山宾馆（青山区）、东河城环局（东河区）、东河鸿龙湾（东河区）、包百大楼（昆都仑区）、惠龙物流（稀土高新技术产业开发区），均属二类环境质量功能区。笔者于 2014 年 1 月 1 日—2014年12 月 31 日，收集包头市 6 个环境空气质量自动监测点位的 PM_{10}、$PM_{2.5}$、SO_2、NO_2、CO 和 O_3 6 项污染物的小时监测数据。自动监测点位基本信息见表 2–2。

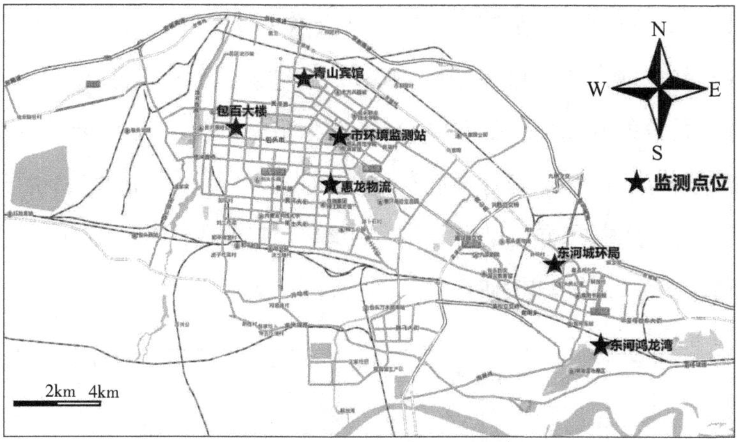

图 2–10 环境空气自动监测点位示意

表 2–2 自动监测点位基本情况

点位名称	功能区分类及特征描述	采样点高度 /m
东河城环局	居民区，北面为拆迁改造区，有电厂	20
东河鸿龙湾	郊区，位于公园内，南面有裸露土地	15
市环境监测站	文化区，居民区，紧邻公园	28

① 环境空气质量监测数据由包头市生态环境局提供。

续表

点位名称	功能区分类及特征描述	采样点高度 /m
青山宾馆	文化区，居民区，西北有裸露土地	16
包百大楼	商业区，居民区，西面污染源密集	35
惠龙物流	居民区	21

2014 年包头市环境空气质量指数（air quality index，AQI）和等级如图 2–11 和图 2–12 所示。不同程度污染共计 172 天，占总监测有效天数的 47.1%，其中 123 天以 PM_{10} 为首要污染物，32 天以 $PM_{2.5}$ 为首要污染物，16 天以 O_3 为首要污染物，1 天以 PM_{10} 和 $PM_{2.5}$ 为共同首要污染物（见表 2–3）。包头市大气污染以 PM_{10} 为首要污染物，占总污染天数的 71.5%，以 $PM_{2.5}$ 和 O_3 为首要污染物的天数分别占总污染天数的 18.6% 和 9.3%。春季以 PM_{10} 污染为主，占春季总污染天数的 96.2%；夏季以 O_3 污染为主，占夏季总污染天数的 62.5%；秋、冬两季 PM_{10} 和 $PM_{2.5}$ 均有不同程度的污染。严重污染和重度污染天数分别为 4 天和 7 天，其中严重污染在春季和冬季分别出现了 3 天和 1 天，重度污染分别在春季、秋季和冬季出现了 2 天、2 天和 3 天。

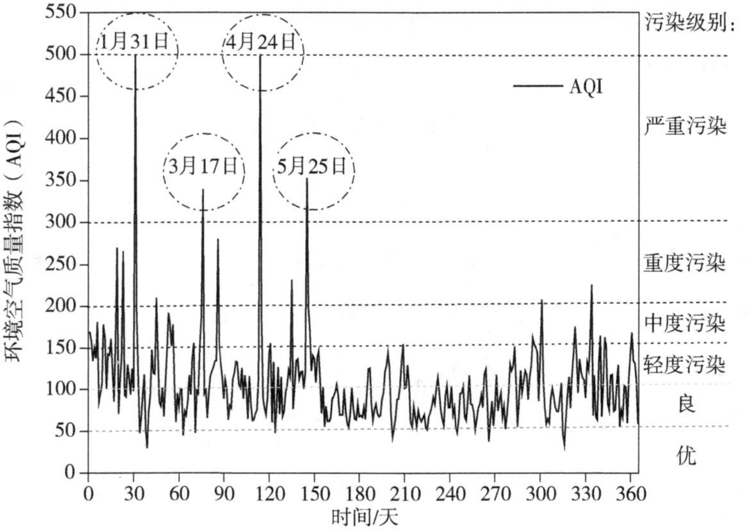

图 2–11　环境空气质量指数日变化

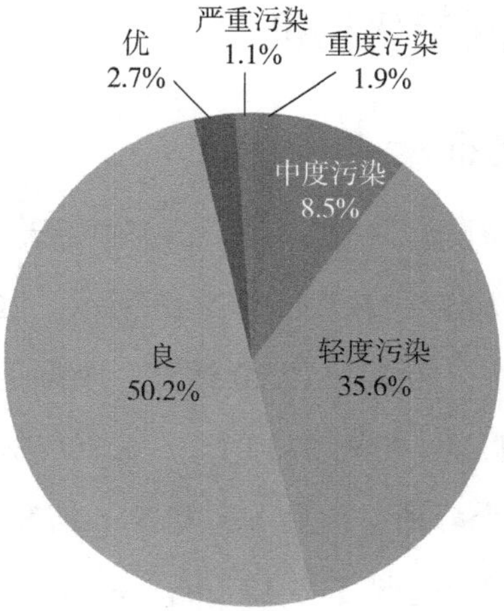

图 2-12 环境空气质量等级百分比

表 2-3 首要污染物的出现天数

污染程度	春季 / 天			夏季 / 天			秋季 / 天			冬季 / 天			合计
	PM_{10}	$PM_{2.5}$	O_3	PM_{10}	$PM_{2.5}$	O_3	PM_{10}	$PM_{2.5}$	O_3	PM_{10}	$PM_{2.5}$	O_3	
严重污染	3	—	—	—	—	—	—	—	—	1	—	—	4
重度污染	2	—	—	—	—	—	1	1	—	2	1	—	7
中度污染	8	—	—	—	—	1	3	3	—	9	7	—	31
轻度污染	38	1	1	8	1	14	25	6	—	24	13	—	130
合计	51	1	1	8	1	15	29	10	—	36	21	—	172

注：* 轻度污染中有一天为 PM_{10} 和 $PM_{2.5}$ 共同首要污染物，因此各单项加合合计数值差 1。

2014 年包头市的年均 PM_{10}、$PM_{2.5}$、SO_2、NO_2、O_3 和 CO 分别为 151 μg/m^3、55 μg/m^3、54 μg/m^3、46 μg/m^3、54 μg/m^3 和 1.5 mg/m^3。其中 PM_{10}、$PM_{2.5}$ 和 NO_2 分别超出《环境空气质量标准》(GB 3095—2012) 年均值二级标准限值[14] 1.2 倍、0.6 倍和 0.2 倍，粗颗粒物污染特征明显，SO_2 浓度低于年均值二级标准限值。

2.5.1 污染物时间变化特征

2.5.1.1 小时变化特征

将全年（2014 年 1 月 1 日—12 月 31 日）中每天 24 个小时值进行统计分析，得出每个小时的年均值，结果如图 2–13 所示。PM_{10} 和 $PM_{2.5}$ 均呈现“双峰双谷”型变化趋势[63]，10:00—12:00 达到一个峰值，16:00—19:00 达到最低，$PM_{2.5}/PM_{10}$ 变化不明显［见图 2–13（a）］。SO_2 在 11:00 达到第一个峰值，NO_2 在 08:00 达到第一个峰值，而后 SO_2 和 NO_2 均在 21:00 达到第二个峰值。SO_2/NO_2 呈先增后降的趋势［见图 2–13（b）］，即白天高于夜间。CO 的日变化规律比较明显，08:00—09:00 较高，17:00 最低，O_3 小时浓度变化趋势与 CO 趋势相反［见图 2–13（c）］。15:00—17:00 风速（3 m/s 以上）较大，日照强度增加，温度升高，相对湿度降低，O_3 升高，CO 较低［见图 2–13（d）］。CO 受污染源排放及大气水平和垂直扩散的影响，呈现白天低、夜晚高的变化规律。

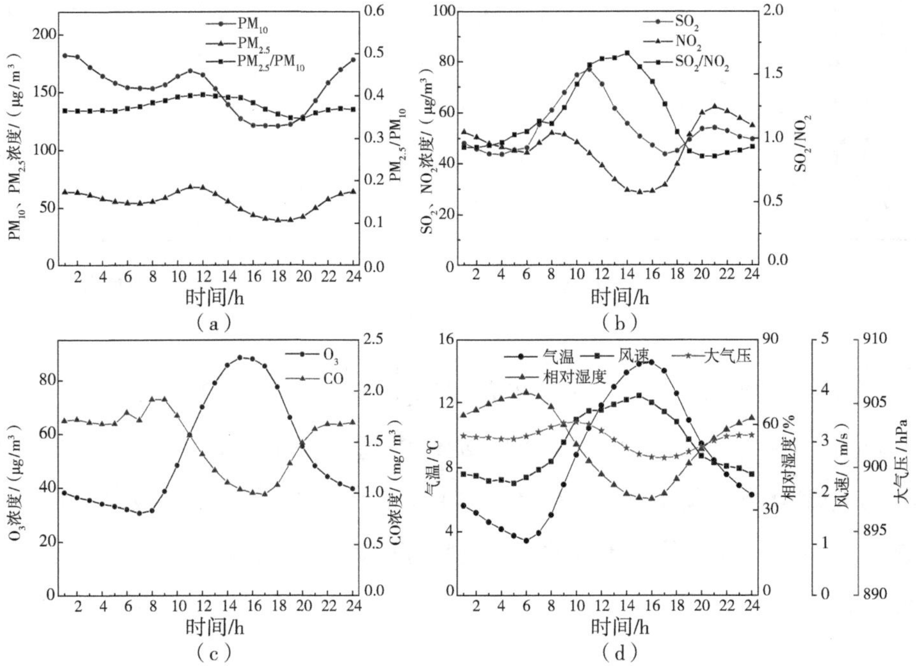

图 2–13 污染物和气象参数小时变化趋势

2.5.1.2 月变化特征

从各污染物月变化（见图2-14）曲线可以看出，PM_{10}、$PM_{2.5}$、SO_2、NO_2和CO浓度1月最高，并且整个取暖季明显高于非取暖季，说明燃煤取暖对包头市环境空气质量有较大影响。6—9月PM_{10}、$PM_{2.5}$、SO_2、NO_2和CO均有所降低，这可能与停止燃煤取暖和降水集中有关[64,65]。而O_3与其他污染物变化趋势相反，7月最高，这可能与日照强度增加和温度升高有关[66]。3—5月风速较大，沙尘频繁，PM_{10}受沙尘影响较大，PM_{10}浓度有所升高，$PM_{2.5}/PM_{10}$平均值仅为0.27，明显低于其他月份，春季粗颗粒物污染特征明显。

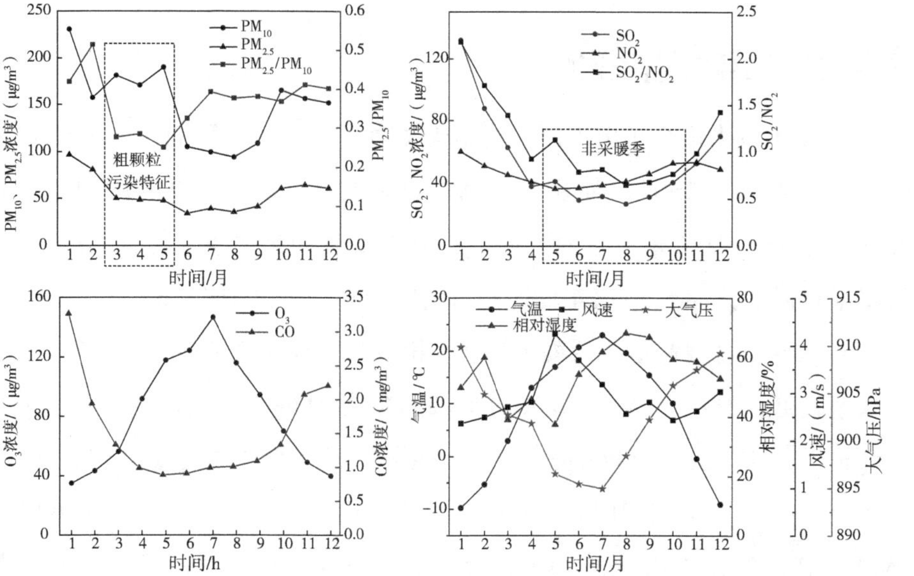

图2-14 污染物和气象条件月变化趋势

2.5.1.3 季节变化特征

根据气象学方法将全年分为春季（3—5月）、夏季（6—8月）、秋季（9—11月）和冬季（12月—翌年2月）四季进行分析，PM_{10}、$PM_{2.5}$、SO_2、

NO_2、CO 和 O_3 浓度季节变化如图 2-15 所示。PM_{10} 浓度受沙尘[67,68]和燃煤取暖[69-71]的共同影响，春季最高，冬季次之，夏季最低。$PM_{2.5}$、NO_2 和 CO 浓度的季节变化规律一致，冬季最高，秋季次之，夏季最低，这与冬、秋、春三季燃煤取暖和夏季降雨集中有关。SO_2 浓度冬季最高，春季次之，夏季最低。$PM_{2.5}/PM_{10}$ 冬季最高（0.45），夏（0.36）、秋（0.39）两季相当，春季最低（0.27）。冬季 $PM_{2.5}/PM_{10}$ 高可能与冬季大气稳定度较高、细粒子生命周期较长、易在空气中累积有关，而春季风沙较大，粗颗粒物占比高。SO_2/NO_2 在冬季最高（1.76），春季次之（1.15），夏季最低（0.75），全年 SO_2/NO_2 平均值为 1.12。SO_2/NO_2 能够反映固定源与移动源对环境空气质量的影响程度，冬季该比值高，则说明冬季燃煤取暖对环境空气质量的影响相对其他季节较高。

2.5.2 污染类型分类

2014 年包头市全年出现严重污染天 4 次，分别为 1 月 31 日、3 月 17 日、4 月 24 日和 5 月 25 日，使用 NOAA HYSPLIT MODEL 作 24h 后向轨迹图，发现 1 月 31 日气团来自正西方向，3 月 17 日气团来自正北方向，5 月 25 日气团来自西北方向，4 月 24 日气团由南向西转变（见图 2-16）。2014 年 1 月 31 日严重污染主要是由于污染源高强度排放和不利气象条件共同导致[72]，全天风速较低，PM_{10}、$PM_{2.5}$、SO_2、NO_2 和 CO 最高浓度分别达到 1 434 μg/m³、938 μg/m³、550 μg/m³、148 μg/m³ 和 11.8 mg/m³（见 图 2-17）。2014 年 3 月 17 日严重污染主要由沙尘引起，2:00—4:00 风速较高，2:00 达到最高 10.8 m/s，PM_{10} 最高达到 2 579 μg/m³，$PM_{2.5}/PM_{10}$ 仅为 0.10，粗颗粒物污染明显，其他污染物浓度均较低（见图 2-18）。2014 年 4 月 24 日与 3 月 17 日类似，严重污染也是由沙尘引起的，其中 14:00—21:00 风速较高，20:00 达到最高 13.6 m/s，PM_{10} 最高达到 2 735 μg/m³，$PM_{2.5}/PM_{10}$ 仅为 0.13，表明粗颗粒物污染明显，其他污染物浓度均较低（见图 2-19）。2014 年 5 月 25 日严重污染是由沙尘和高强度污染物排放共同引起的，全天风速较高，平均值为 6.4 m/s，

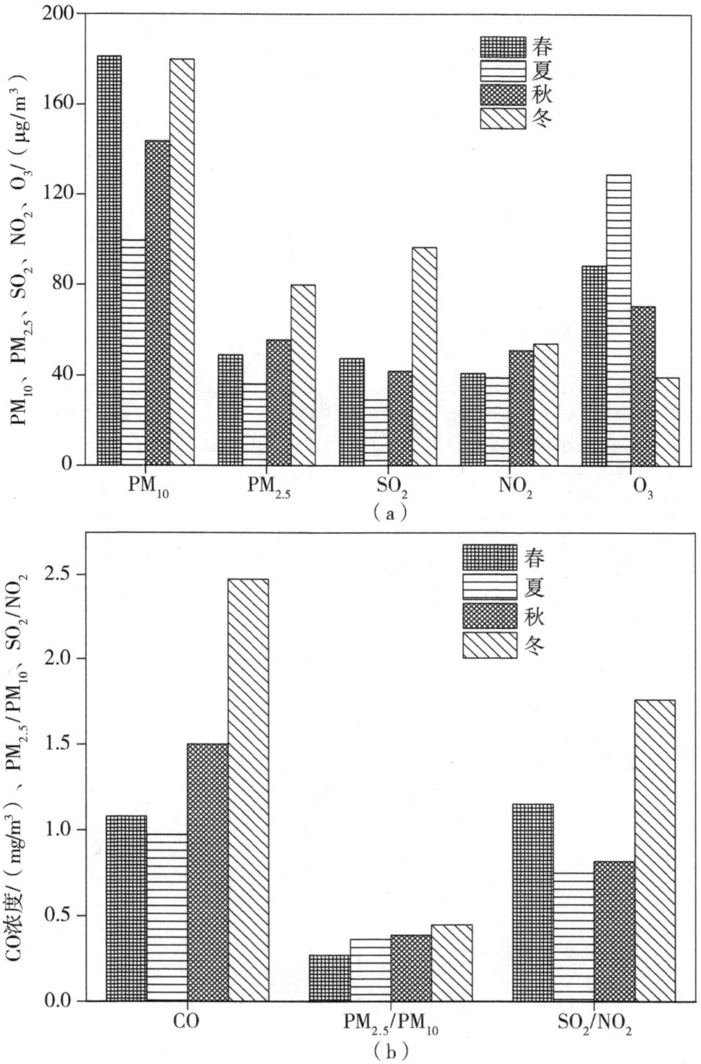

图 2-15　污染物季节变化趋势

7:00 时 PM_{10} 最高，达到 1 068 μg/m³，$PM_{2.5}/PM_{10}$ 仅为 0.13，粗颗粒物污染明显。1:00—11:00 SO_2、NO_2 和 CO 浓度较高（见图 2-20），表明燃煤对此次严重污染有较大影响。综上所述，包头市的严重污染主要有沙尘型和煤烟型两种。

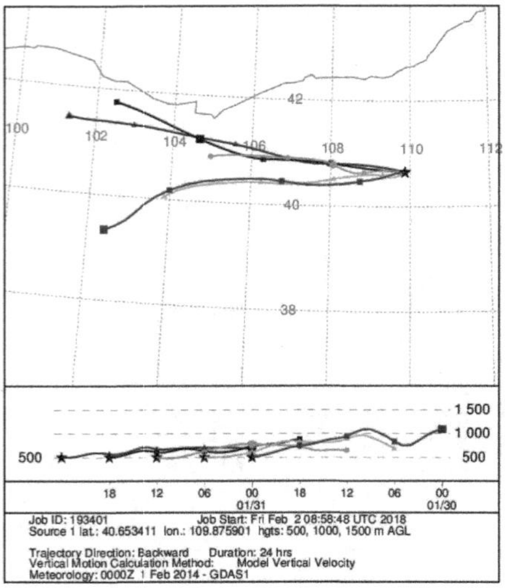

（a）1月31日

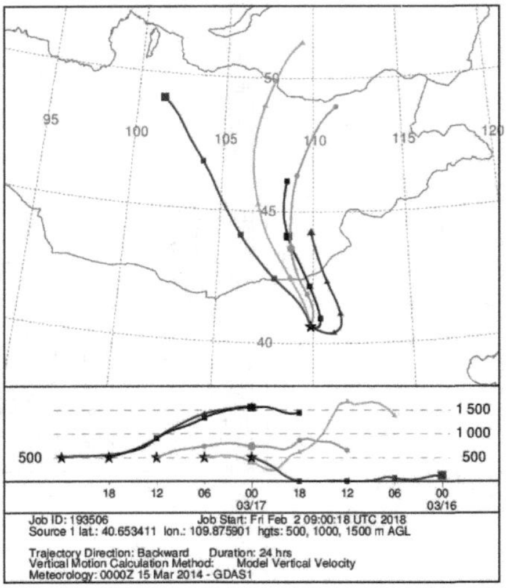

（b）3月17日

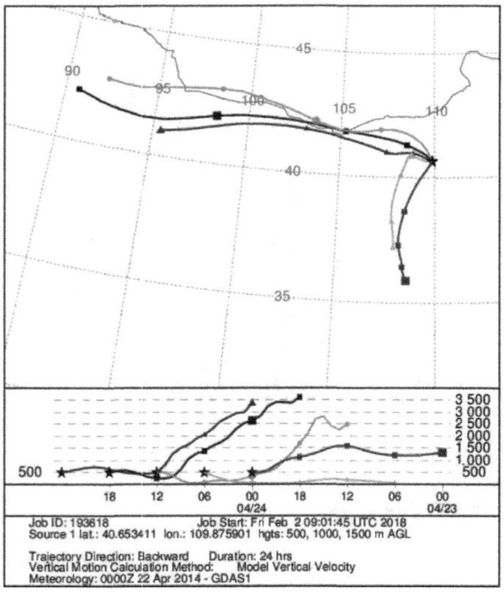

（c）4月24日

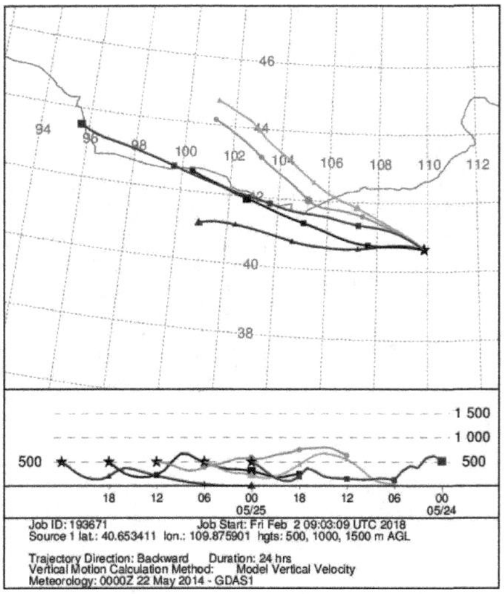

（d）5月25日

图 2-16 严重污染天 24h 后向轨迹图

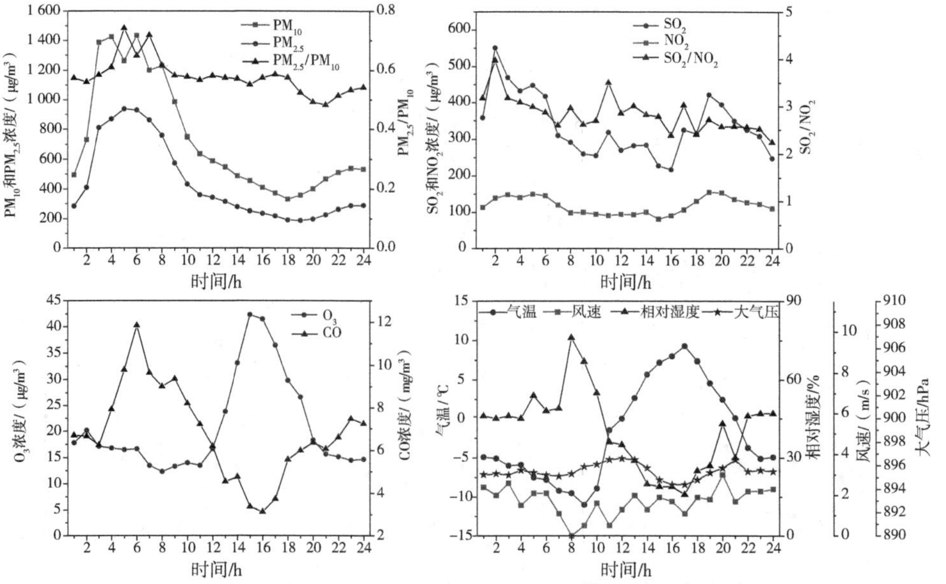

图 2-17　1 月 31 日污染物与气象参数小时变化

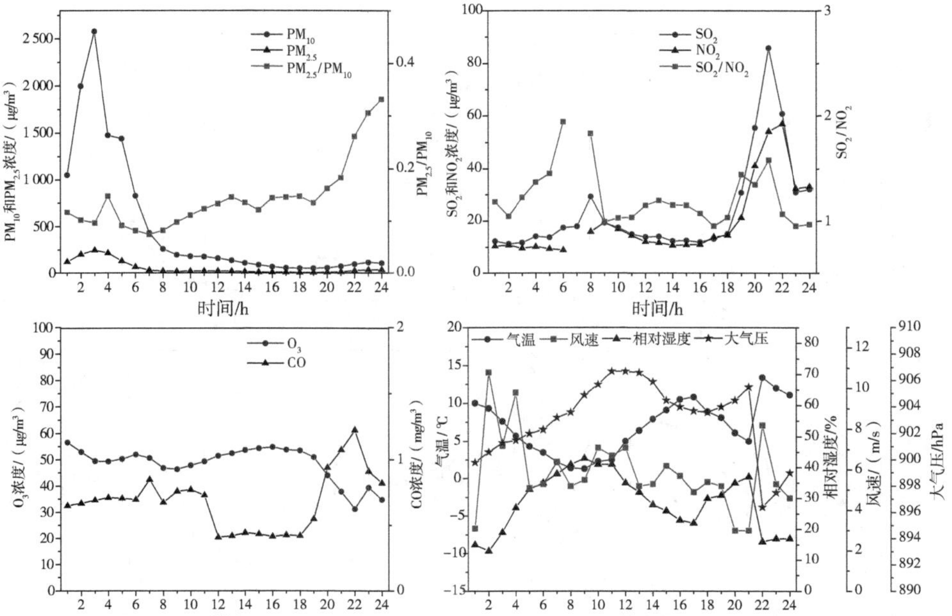

图 2-18　3 月 17 日污染物与气象参数小时变化

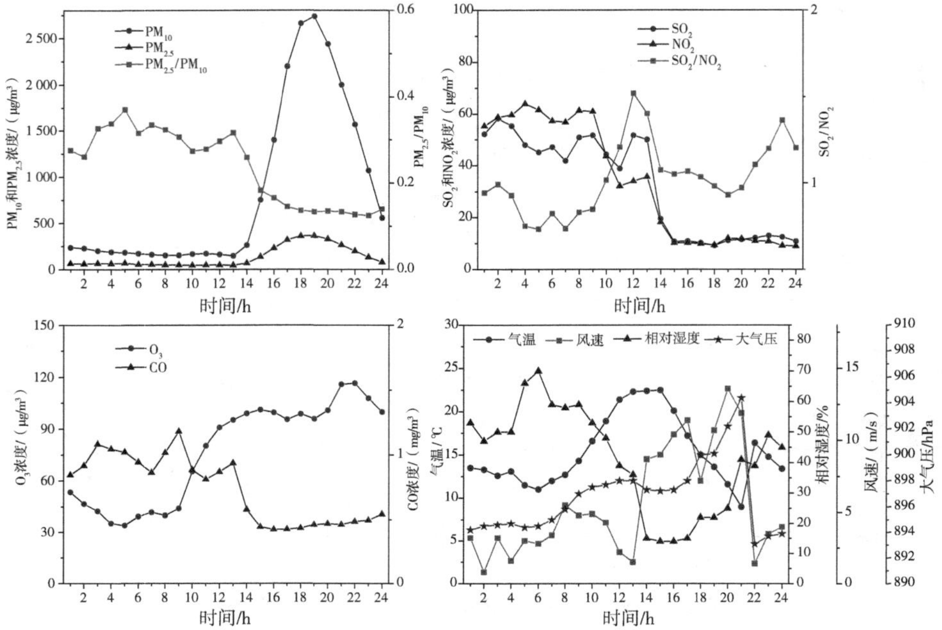

图 2-19　4 月 24 日污染物与气象参数小时变化

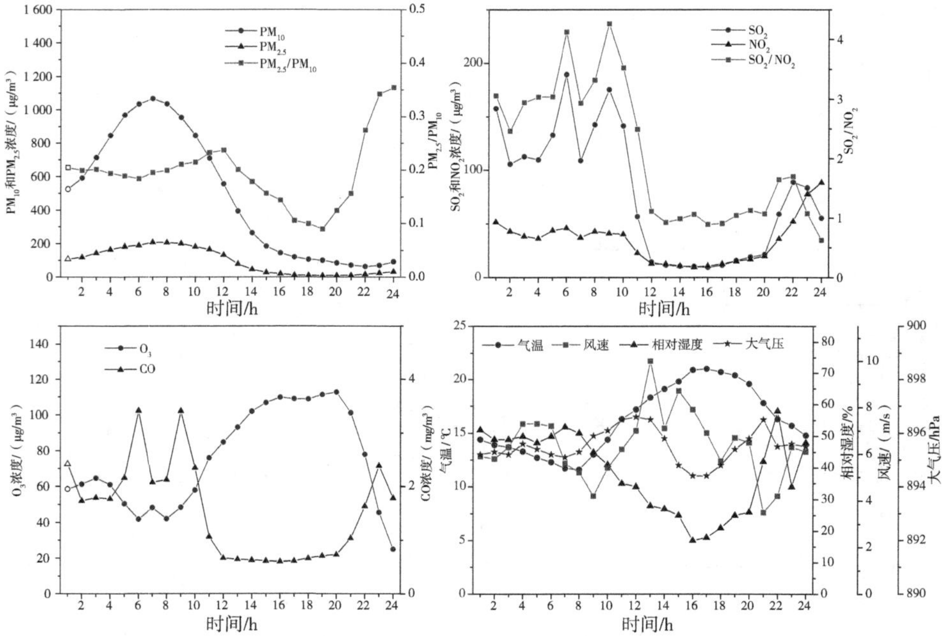

图 2-20　5 月 25 日污染物与气象参数小时变化

2.5.3 污染物空间分布特征

在 6 个自动监测点位中，东河区的两个点位由于受北梁拆迁改造的影响，PM_{10} 和 $PM_{2.5}$ 明显高于其他点位，冬、春两季东河城环局点位 PM_{10} 尤为明显（见图 2–21），这与春季风沙大、冬季燃煤取暖和不利气象条件有关。包百大楼点位和东河城环局点位的 SO_2 浓度明显高于其他点位，这与点位周边污染源排放强度有关。包百大楼、市环境监测站和东河城环局三个点位 NO_2 浓度稍高于其他点位，这与其周边污染源情况和机动车情况有关。冬、春两季惠龙物流点位 O_3 浓度最高，夏、秋两季东河鸿龙湾点位 O_3 浓度最高。SO_2/NO_2 和 CO 浓度在包百大楼和东河城环局两个点位较高，说明这两个点位受固定污染源影响比其他点位更大。$PM_{2.5}/PM_{10}$ 空间变化不明显（见图 2–22）。

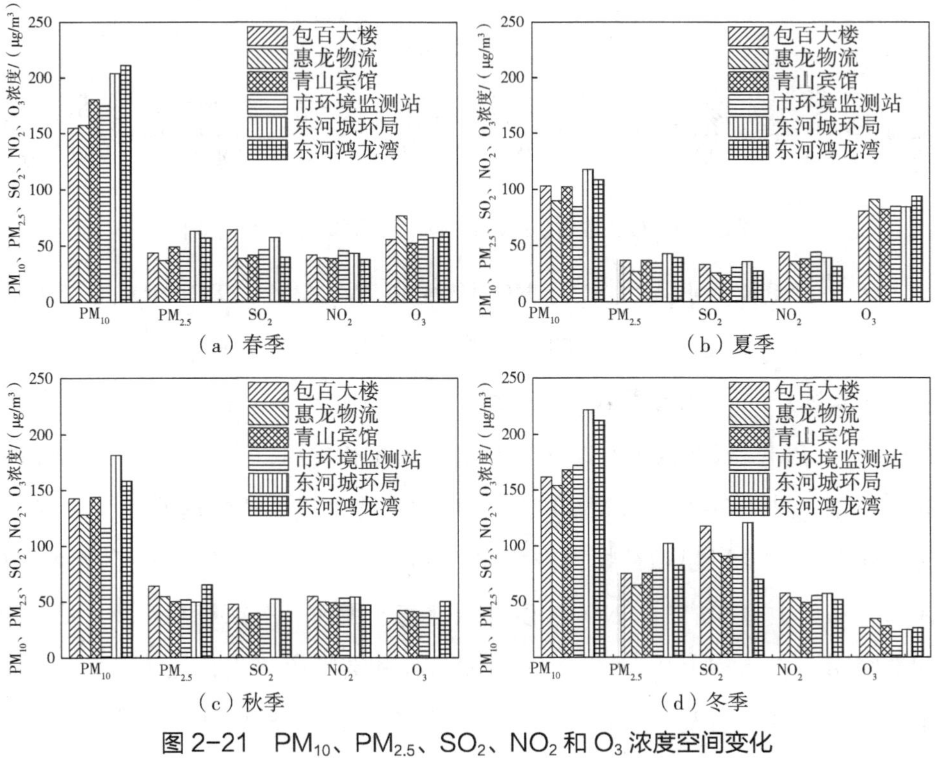

图 2–21 PM_{10}、$PM_{2.5}$、SO_2、NO_2 和 O_3 浓度空间变化

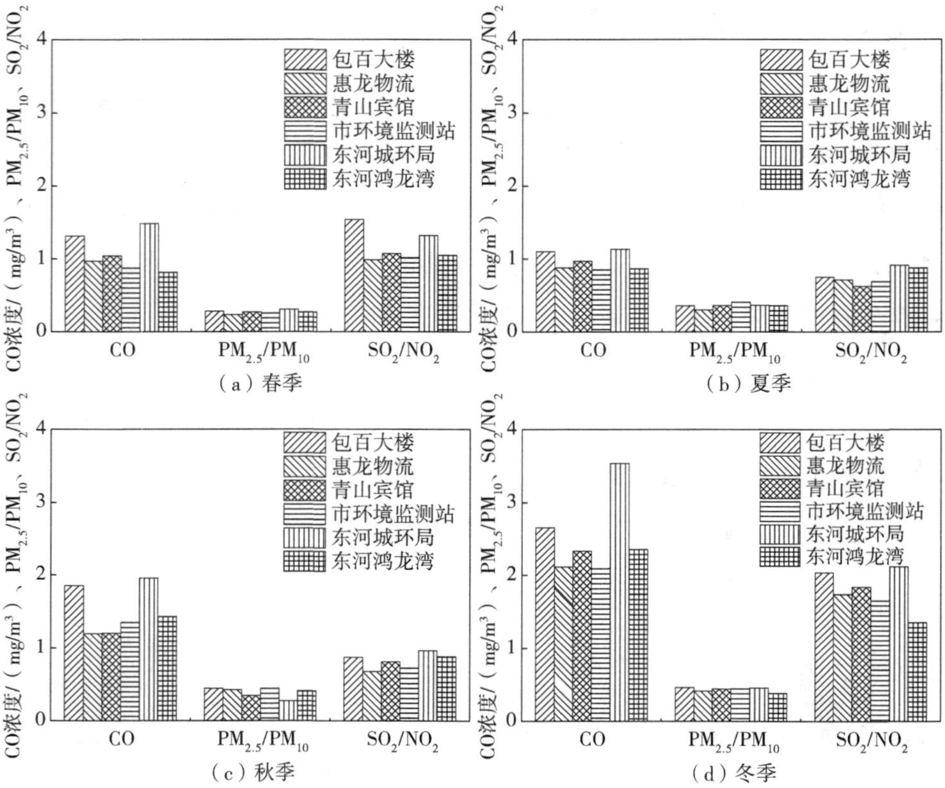

图 2-22　CO 浓度、$PM_{2.5}/PM_{10}$ 和 SO_2/NO_2 空间变化

包头市 PM_{10}、$PM_{2.5}$、SO_2、NO_2 浓度和 $PM_{2.5}/PM_{10}$、SO_2/NO_2 均与呼和浩特市[73]接近，说明包头市的污染现状与呼和浩特市相似。包头市 PM_{10} 浓度低于石家庄[74]，高于天津[75]、北京[76]、呼和浩特、青岛[77]、上海[78]和广州[79]；$PM_{2.5}$ 浓度低于石家庄、北京、天津和青岛，高于上海、广州和呼和浩特市（见图 2-23）；$PM_{2.5}/PM_{10}$ 与呼和浩特市接近，而远低于其他城市，说明包头市主要以粗颗粒物污染为主；SO_2 浓度低于石家庄，高于北京、天津、青岛、上海和广州；NO_2 浓度低于北京、天津、石家庄和广州，高于呼和浩特市、青岛和上海；SO_2/NO_2 浓度与呼和浩特市接近，低于石家庄，高于北京、天津、青岛、上海和广州。2014 年包头市 SO_2 和 NO_x 排放量分别为 15.62×10^4 t 和 9.48×10^4 t，二者比值为 1.65，远高于北京[76]（0.52）、天

津[75]（0.74）、青岛[77]（0.90）、内蒙古平均值[73]（1.04）和河北省平均值[74]（0.79），说明包头市主要以固定污染源为主，与包头市能源结构吻合。

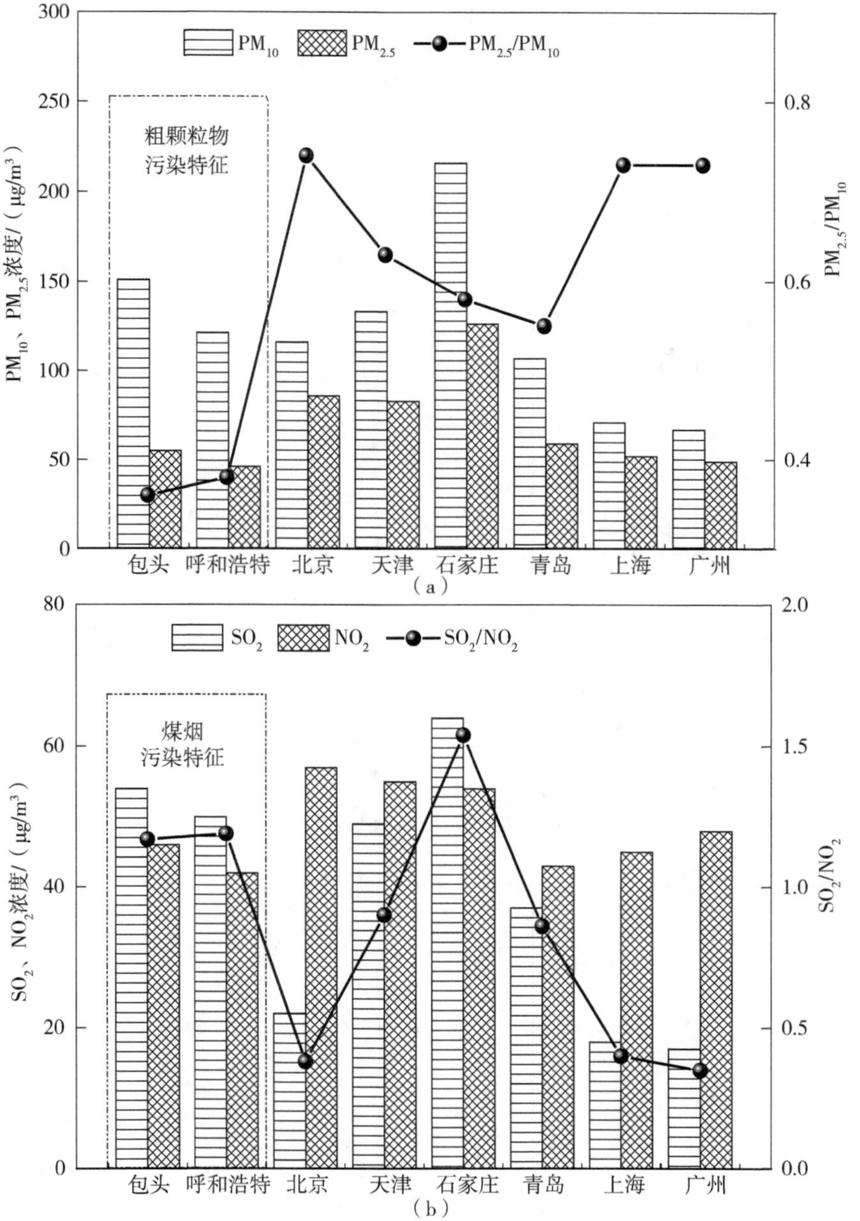

图 2-23　污染物与其他城市比较

AQI、PM_{10}、$PM_{2.5}$、SO_2、NO_2、CO 和 O_3 的系统聚类分析结果表明，扬尘引起的 PM_{10} 对环境空气质量有重要影响，以 SO_2 和 CO 为排放特征的燃煤对 $PM_{2.5}$ 有较大的贡献（见图 2–24）。

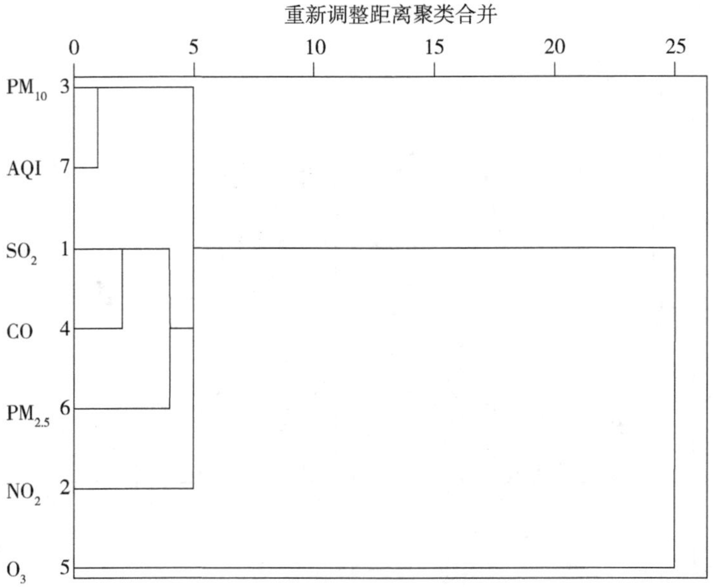

图 2–24　AQI 与污染物的聚类分析

3 样品采集与分析

3.1 样品采集

3.1.1 PM_{10}和$PM_{2.5}$样品采集

3.1.1.1 采样点位

本书选取包钢宾馆（BGH）和科技大学（STU）代表昆都仑区，青山宾馆（QSH）、市环境监测站（EMB）和包头生态环境局（EPB）代表青山区，东河城环局（DHE）代表东河区（见图 3-1）。各点位代表的功能区及周边环境情况见表 3-1。

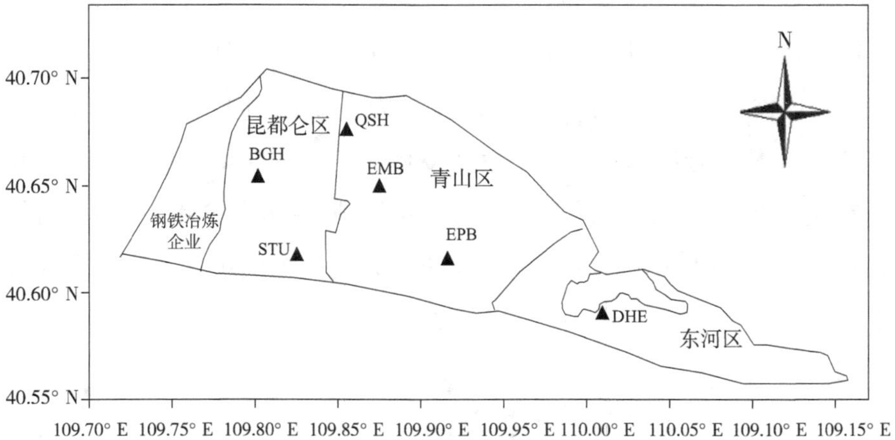

图 3-1 采样点位示意

表 3-1　采样点位的基本情况

点位编号	点位名称	是否国控点位	点位类别	采样高度 /m
01	东河城环局（DHE）	是，自动站点位位于其西北 300m 处	居民区、交通稠密区、紧邻人民公园	10
02	包头生态环境局（EPB）	否（有自动站点位）	行政办公区域、紧邻赛罕塔拉生态园	23
03	市环境监测站（EMB）	是	文化区、居民区、紧邻劳动公园	20
04	青山宾馆（QSH）	是，自动站点位位于其西 40m 处	文化区、居民区、紧邻锦林公园	5
05	包钢宾馆（BGH）	是，自动站点位位于其东 500m 处	商业区、居民区	15
06	科技大学（STU）	否	文化区	22

3.1.1.2　采样时间

本书选择 2014 年 1 月、4 月、9 月和 11 月为采样期（1 月污染最严重，4 月代表风沙季，9 月降水量最大，11 月为采暖初期）。每日 10:00—翌日上午 9:00 采样，连续采集 23 h。为了观测 PM_{10} 和 $PM_{2.5}$ 浓度的全年变化情况，在包头生态环境局点位，每周二和周六同时采集 PM_{10} 和 $PM_{2.5}$ 样品。采样期间气温、相对湿度、风向、风速、大气压等气象参数详见图 3-2 和表 3-2。

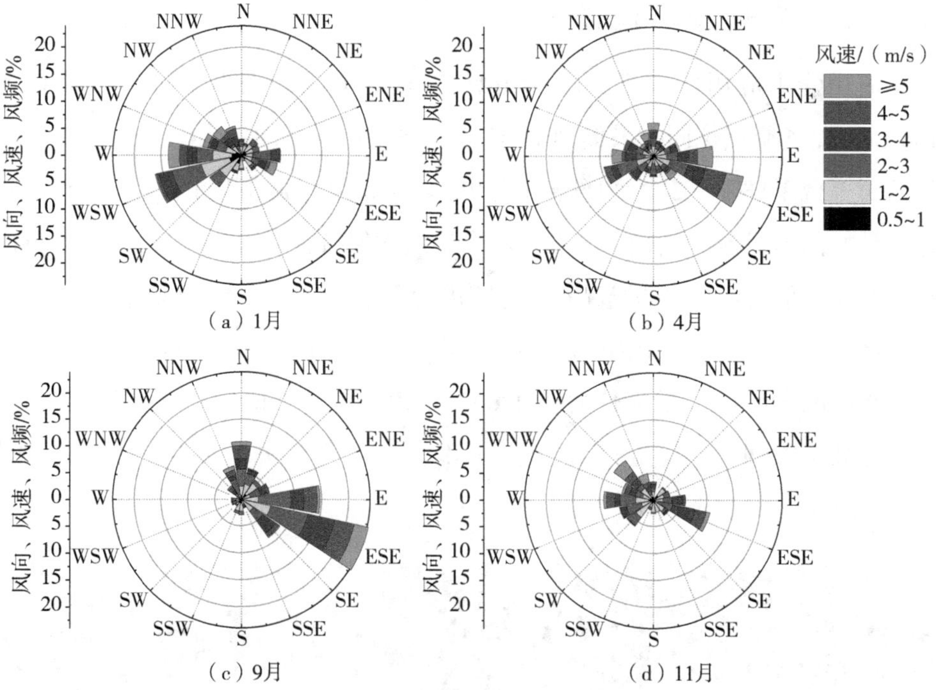

图 3-2　采样期间风玫瑰图

表 3-2　采样期间气态污染物和气象条件

采样时间	SO_2/（μg/m^3）	NO_2/（μg/m^3）	CO/（mg/m^3）	O_3/（μg/m^3）	风速 /（m/s）	气温 / ℃	相对湿度 / %
1 月	150	110	3.15	25.1	2.3	−10.3	51
4 月	42.9	50.8	1.12	60.1	3.0	13.4	48
9 月	35.7	62.2	1.03	42.0	2.7	15.0	68
11 月	61.2	97.7	3.82	22.6	2.5	−1.0	57

采样人员分别于 1 月 4—21 日（18 天）、4 月 9—28 日（18 天）、9 月 13—29 日（16 天）和 11 月 11—25 日（15 天）使用两种滤膜在每个点位分别采集 PM_{10} 和 $PM_{2.5}$ 样品，共计 1 604 个 PM_{10} 和 $PM_{2.5}$ 样品。在包头市生态环境局点位每周二、周六采集长期观测样品，全年采集 168 个 PM_{10} 和 $PM_{2.5}$ 样品。

3.1.1.3 采样仪器与滤膜

使用崂山应用技术研究所2050型空气/智能采样器进行采样，流量为100 L/min，6个点位同时采集PM_{10}和$PM_{2.5}$样品（见图3–3、图3–4）。每个点位放置5台采样器，2台采样器采集PM_{10}，2台采样器采集$PM_{2.5}$，1台备用。每次采样前均对流量进行了校准，流量误差均保持在±2.5%以内。每种粒径颗粒物同时采用聚丙烯滤膜和石英滤膜进行样品采集，石英滤膜样品用于分析水溶性离子和碳组分，聚丙烯滤膜样品用于分析金属元素。采样前石英滤膜需在450℃下灼烧4 h，聚丙烯滤膜在60℃下恒温保持2 h。滤膜的平衡和称量等具体要求按照《环境空气颗粒物（$PM_{2.5}$）手工监测方法（重量法）技术规范》（HJ 656—2013）执行。

（a）东河城环局

（b）包头生态环境局

（c）市环境监测站

（d）青山宾馆

（e）包钢宾馆　　　　　　　　　　（f）科技大学

图 3-3　采样点位周边环境

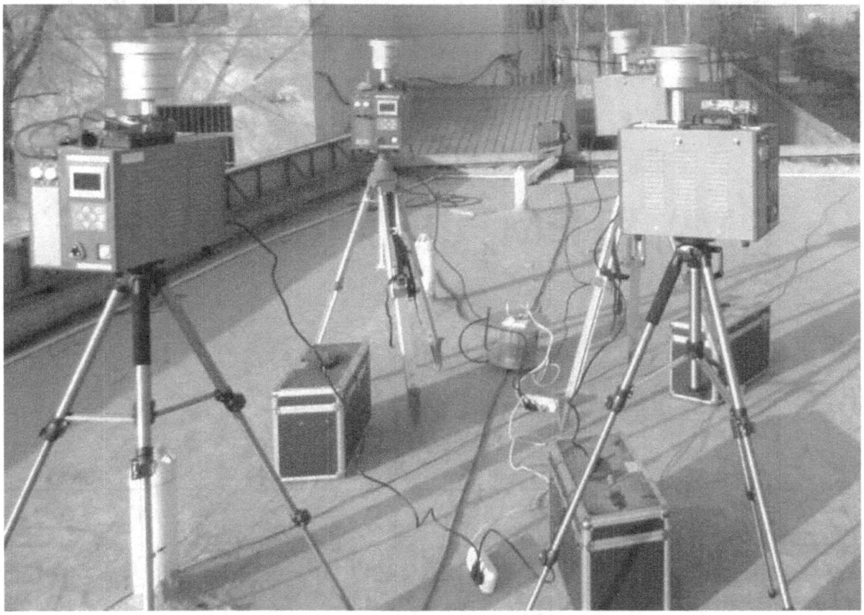
图 3-4　PM_{10} 和 $PM_{2.5}$ 采样仪器

3.1.2　居民区积尘样品采集

为了获得更具代表性的居民区积尘样品，工作人员在整个包头市建成区范围内以 2 km × 2 km 的网格布点，选择 46 个居民区，每个居民区作为一个采样点位（见图 3-5），并于 2014 年 6 月使用排刷采集 2 楼以上各楼层楼道窗台上长期积累的灰尘。采样人员将同一小区的样品混合成一个居民区积尘样品，每个样品采集 100 g。去除蚊虫等杂质，装入封口袋带回实验室。

图 3-5　居民区积尘采样点位示意

3.2　PM_{10} 和 $PM_{2.5}$ 样品化学组分分析

本书测定 PM_{10} 和 $PM_{2.5}$ 样品质量浓度、水溶性离子、有机碳、元素碳、金属元素和硅元素等 27 种组分，使用的方法和仪器详见表 3-3、图 3-6。

表 3-3　化学组分分析方法

分析项目	分析方法	分析仪器
质量浓度	重量法	CP225D 电子天平（0.01 mg）
OC、EC	热光反射法	DRI2001A 型碳分析仪
SO_4^{2-}、NO_3^-、Cl^-、F^-、K^+、Na^+、Ca^{2+}、Mg^{2+}、NH_4^+	离子色谱法	881compact IC pro 离子色谱仪
Fe、Al、Pb、Zn、Mn、Ti、Cu、Ni、Cr、V、As、Co、Cd、Hg	ICP-MS 法	Agilent 7500a ICP-MS
Si	钼酸铵分光光度法	T6 紫外可见分光光度计

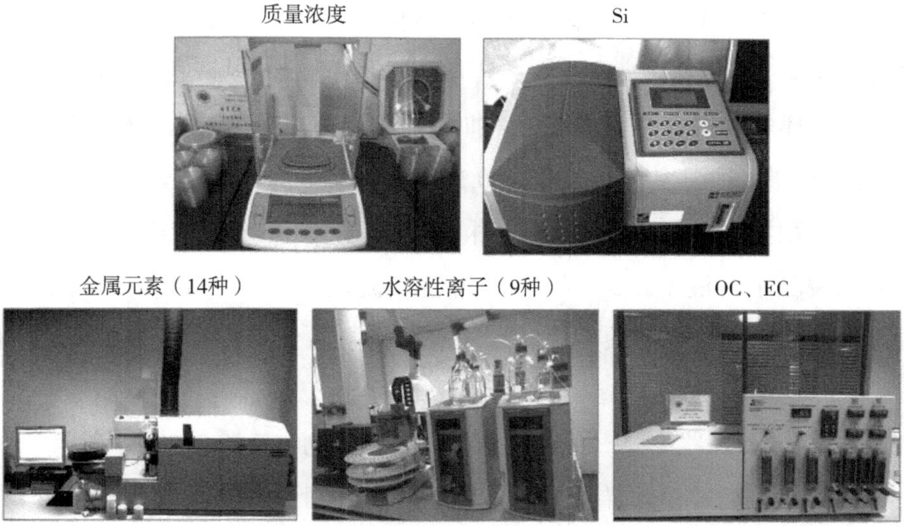

图 3-6　化学组成分析仪器

3.2.1　质量浓度

称重使用的仪器为德国赛多利斯 CP225D 电子天平（0.01 mg）。滤膜平衡、称量过程和质量控制按照《环境空气 PM_{10} 和 $PM_{2.5}$ 的测定　重量法》（HJ 618—2011）和《环境空气颗粒物（$PM_{2.5}$）手工监测方法（重量法）技术规范》（HJ 656—2013）执行。

3.2.2　水溶性离子

选取 1/4 石英滤膜样品，将其用干净的不锈钢剪刀剪碎，加入到离子色谱进样管内，并加 10 mL 水浸泡 30 min，在不加热的条件下超声提取 30 min。将提取液冷却至室温后，离心 3 min，上清液过 0.45 μm 滤膜，待分析。

本书使用离子色谱仪（瑞士万通 881compact IC pro）测定 SO_4^{2-}、NO_3^-、Cl^-、F^-、K^+、Na^+、Ca^{2+}、Mg^{2+}、NH_4^+ 等 9 种水溶性离子。无机阴离子测定色谱条件：淋洗液为 3.2 mmol/L 的 Na_2CO_3 和 1.0 mmol/L 的 $NaHCO_3$ 混合水溶

液，流速为 0.7 mL/min；阴离子分离柱：粒径 7 μm，苯乙烯 - 二乙烯基苯为填料，烷醇基季铵盐作交换基团，具有氢氧化物和碳酸盐双选择性的分离柱；连续自循环电解再生微膜抑制器，抑制器电流为 43 mA；电导检测器检测；20 μL 进样量；柱温控制在（30.0 ± 0.1）℃。

无机阳离子测定色谱条件：淋洗液为 1.7 mmol/L HNO_3 和 0.7 mmol/L 吡啶二羧酸水溶液（含 5% 丙酮），淋洗液流速为 0.9 mL/min；阳离子分离柱：粒径 8.5 μm，丙烯酸为填料，羧酸功能基的分离柱（4 × 250 mm）；阳离子保护柱（4 × 50 mm）；连续自循环电解再生微膜抑制器，抑制器电流为 59 mA；电导检测器检测；20 μL 进样量；柱温控制在（30.0 ± 0.1）℃。

每批次（≤ 20 个）样品至少分别分析 2 个实验室空白、全程序空白、平行样和加标回收，实验室空白和全程序空白需低于方法测定下限，平行样相对偏差≤ 20%，回收率控制在 80% ~ 120%。

3.2.3 金属元素

取 1/2 聚丙烯滤膜样品，用陶瓷剪刀剪碎到聚四氟乙烯消解罐中，加入 10 mL 硝酸和 4 mL 过氧化氢（视滤膜颜色深浅酌情增减酸的使用量），浸没滤膜，使用 DEENA 全自动样品消解仪，样品于 110℃进行消解。消解液剩余 2 mL 时，加入 5 mL 二次水，继续加热赶酸至溶液剩余 2 mL，用定量滤纸过滤至 10 mL 比色管中，用二次水定容。使用电感耦合等离子体质谱仪（美国安捷伦 Agilent 7500a）测定 14 种金属元素。具体测定参数和质量控制按《空气和废气　颗粒物中铅等金属元素的测定　电感耦合等离子体质谱法》（HJ 657—2013）执行。

3.2.4 硅元素

硅元素使用碱熔法消解[80]，钼酸铵分光光度法[81]测定，详细步骤见相关文献。

3.2.5 有机碳和元素碳

钻取 0.299 7 cm^2 石英滤膜样品，使用DRI Model 2001A 有机碳 / 元素碳分析仪（Atmoslytic Inc.，USA），根据美国IMPROVE A[82-86]热光反射（TOR）分析协议，在氦气环境下分别升温至140℃、280℃、480℃和580℃，分别测定OC_1、OC_2、OC_3和OC_4 4个有机碳组分，继续升温至580℃、740℃和840℃，在2%氧气、98%氦气条件下，分别测定EC_1、EC_2和EC_3 3个元素碳组分。使用甲烷标准气体进行三峰检验。在550℃下氦气从He变为He/O_2混合气条件下，测量样品发射信号回到初始值时产生的碳［该碳称为裂解碳（pyrolysis carbon，OP）］。根据式（3-1）和式（3-2）计算OC和EC。

$$OC=OC_1+OC_2+OC_3+OC_4+OP \tag{3-1}$$

$$EC=EC_1+EC_2+EC_3-OP \tag{3-2}$$

3.3 居民区积尘化学组分分析

3.3.1 金属元素和稀土元素总量

使用电感耦合等离子体质谱仪可以测定居民区积尘样品中14种金属元素和14种稀土元素的含量。称取0.1 g居民区积尘样品，用水润湿后加入10 mL盐酸，于电热板上低温加热至3 mL，冷却，加入5 mL HNO_3、5 mL HF和3 mL $HClO_4$，加盖，于电热板上中温加热1 h，开盖，继续加热至150℃除硅。加热至冒浓厚白烟时，加盖，待坩埚壁上的黑色有机物消失后开盖驱赶白烟，蒸至黏稠状。视情况可补加3 mL HNO_3、3 mL HF和1 mL

$HClO_4$ 并重复上述过程。取下坩埚将其稍冷后加入 3 mL（1+1）HCl 水溶液，温热溶解可溶性残渣转移至 50 mL 容量瓶中，加入 5 mL NH_4Cl 水溶液，冷却，用二次水定容，摇匀，待测。

3.3.2 金属元素和稀土元素形态

金属元素和稀土元素形态分析采用 Tessier 五步连续法[87]提取。

使用五种形态之和与全消解总量的比值进行提取效率检查，所有元素比值均介于 0.79 ~ 1.50。

3.3.3 多环芳烃

称取 5 g 样品于索氏提取器滤筒中，用 40 mL 二氯甲烷和正己烷（1∶1）混合溶液回流 16 h，冷却至室温，提取液在旋转蒸发仪上浓缩至 1 mL，加入 3 mL 正己烷，再浓缩至 1 mL，待净化。以弗罗里硅土小柱为净化柱，先用 4 mL 二氯甲烷活化，再用 6 mL 正己烷平衡净化柱（当 2 mL 正己烷流过净化柱后，关闭活塞，使正己烷在柱中停留 5 min），弃去流出液。在溶剂流干之前，将浓缩后的样品溶液加到柱上，再用 3 mL 正己烷分 3 次洗涤装样品的容器，将洗涤液一并加到净化柱上，弃去流出的溶剂。用 6 mL 二氯甲烷 / 正己烷（1+1）洗涤吸附有样品的净化柱，待洗脱液流过净化柱后关闭流速控制阀，让洗脱液在柱中停留 5 min，再打开控制阀，收集洗脱液于 10 mL 离心管中。氮吹仪浓缩至 0.5 ~ 1 mL，加 3 mL 乙腈继续浓缩至 0.5 ~ 1 mL，用乙腈定容至 1 mL，待分析。

使用多环芳烃专用色谱柱 HX736091 HPLC Column 250 × 4.6 mm LiChrospher PAH（5 μm），乙腈、水梯度洗脱（50% 乙腈保持 5 min，20 min 后乙腈比例线性升至 100%，保持 10 min，10 min 后再线性降至 50%），流速为 1 mL/min，30℃柱温，20 μL 进样量，紫外 254 nm 波长下外标法定量。每

批样品测定均采取了空白样品、加标回收率测试等质量控制手段，在 10 ~ 400 μg/L 线性范围内绘制标准曲线，16 种 PAHs 相关系数均大于 0.999，方法检出限为 0.02 ~ 2.3 μg/kg，除了萘的回收率（56.3%）较低外，其余 15 种 PAHs 的回收率为 68.0% ~ 90.7%。

4 PM_{10}和$PM_{2.5}$质量浓度的变化特征

4.1 时间变化特征

采样期间，PM_{10}和$PM_{2.5}$浓度分别介于20.7～681 μg/m^{3}和6.5～457 μg/m^3，年均值分别为（174±90.4）μg/m^{3}和（89.9±55.4）μg/m^3，分别是《环境空气质量标准》（GB 3095—2012）年均值二级标准（70 μg/m^{3}和35 μg/m^3）的2.5倍和2.6倍。PM_{10}和$PM_{2.5}$浓度分别有43天和38天超出《环境空气质量标准》（GB 3095—2012）的24 h平均值二级标准，最高超标倍数分别为9.4倍和3.8倍。$PM_{2.5}$浓度分别在1月10日、1月14日、1月19日和4月24日高于200 μg/m^3，其中1月10日和1月14日主要以低风速、高SO_2浓度、高NO_2浓度为特征，1月19日和4月24日以高风速、低$PM_{2.5}/PM_{10}$值为特征（见图4–1、图4–2），因此可将1月10日和1月14日的污染类型定义为雾霾型污染，将1月19日和4月24日的污染类型定义为沙尘型污染。

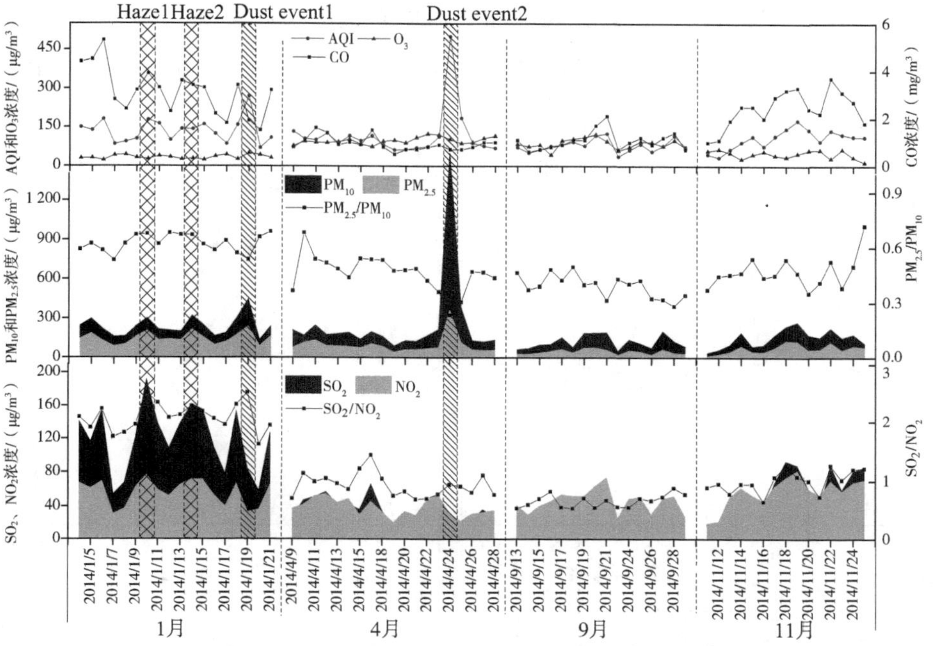

图 4-1　AQI 与颗粒物浓度、气态污染物浓度

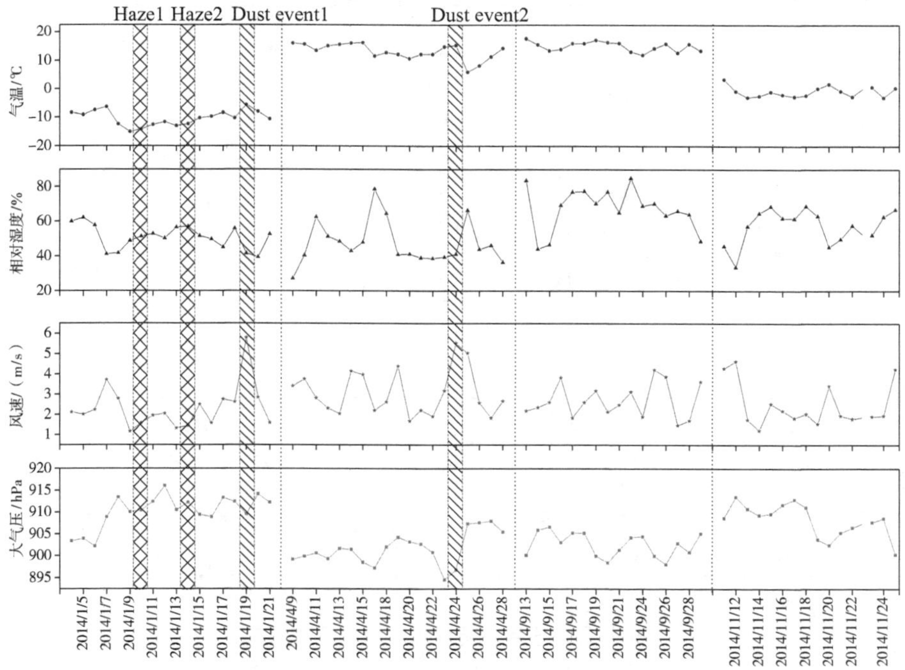

图 4-2　采样期间气温、相对湿度、风速和大气压

使用 NOAA HYSPLIT 模型作 24 h 后向轨迹图可以发现，1 月 10 日气团来自正西方向，1 月 14 日气团由西北方向转向西南方向，1 月 19 日气团由西转向西北方向，4 月 24 日气团由南向西转变（见图 4–3）。

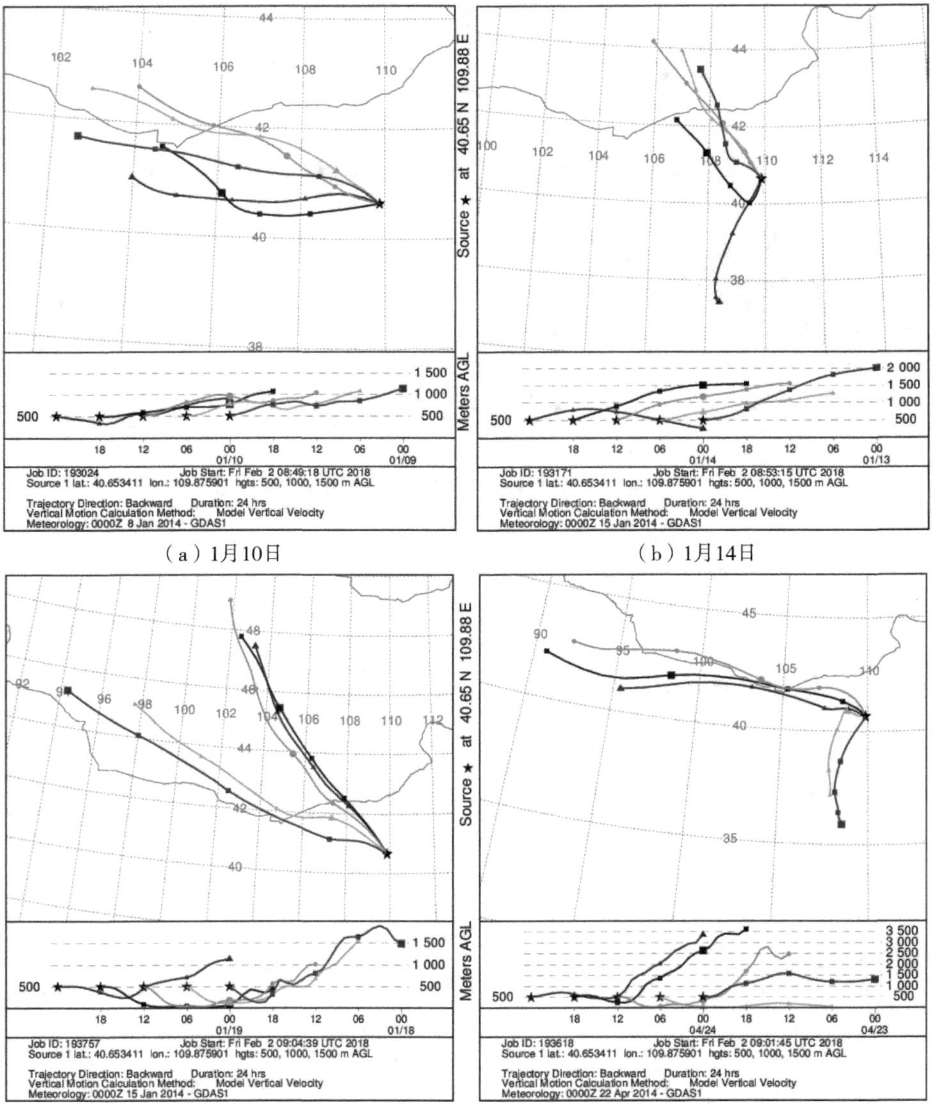

（a）1月10日　（b）1月14日

（c）1月19日　（d）4月24日

图 4–3　各污染天气团 24 h 后向轨迹

PM_{10} 和 $PM_{2.5}$ 浓度的季节变化趋势较为一致，1 月最高，9 月最低（见图 4-4）。1 月 PM_{10} 和 $PM_{2.5}$ 浓度分别为 9 月浓度的 1. 80 倍和 2.77 倍。$PM_{2.5}/PM_{10}$ 年均值为 0.42，其中 1 月 $PM_{2.5}/PM_{10}$ 的值最高（0.53），4 月 $PM_{2.5}/PM_{10}$ 的值最低（0.32）。$PM_{2.5}/PM_{10}$ 的值存在一定的季节差异，1 月和 11 月 $PM_{2.5}/PM_{10}$ 的值均高于 4 月和 9 月，说明包头市冬、秋两季细颗粒物污染更为严重。这与 $PM_{2.5}$ 作为首要污染物主要出现在冬季的结论一致。

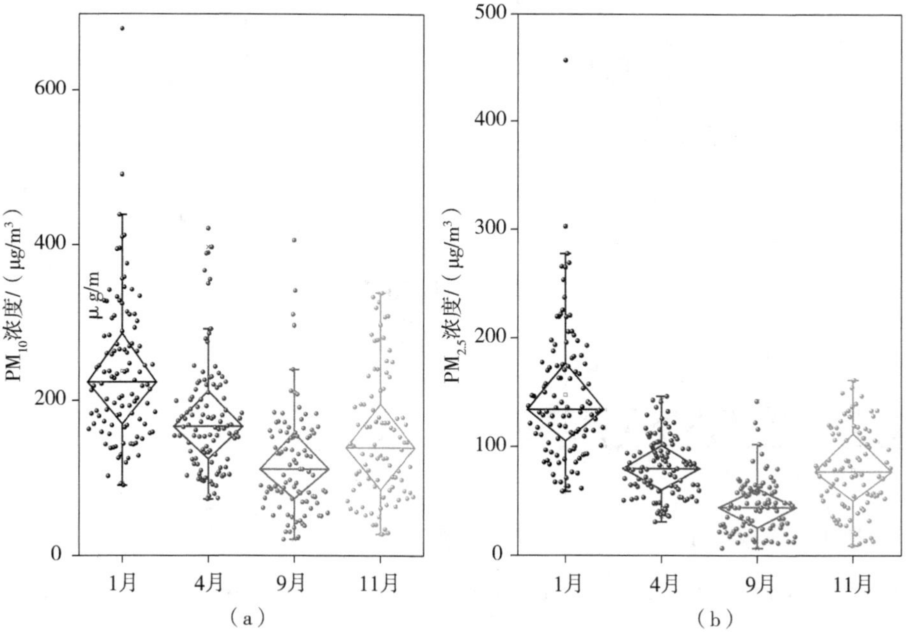

图 4-4　采样期间 PM_{10} 和 $PM_{2.5}$ 浓度的季节分布

1 月、4 月、9 月和 11 月 $PM_{2.5}$ 与 PM_{10} 浓度均在 0.01 水平上显著相关（见图 4-5），说明颗粒物的来源较一致或均受到同样的天气或人为活动的影响。4 月份 $PM_{2.5}$ 和 PM_{10} 的线性关系斜率最小，仅为 1.03，反映了沙尘天气影响下 $PM_{2.5}$ 与 PM_{10} 的比例有所下降。

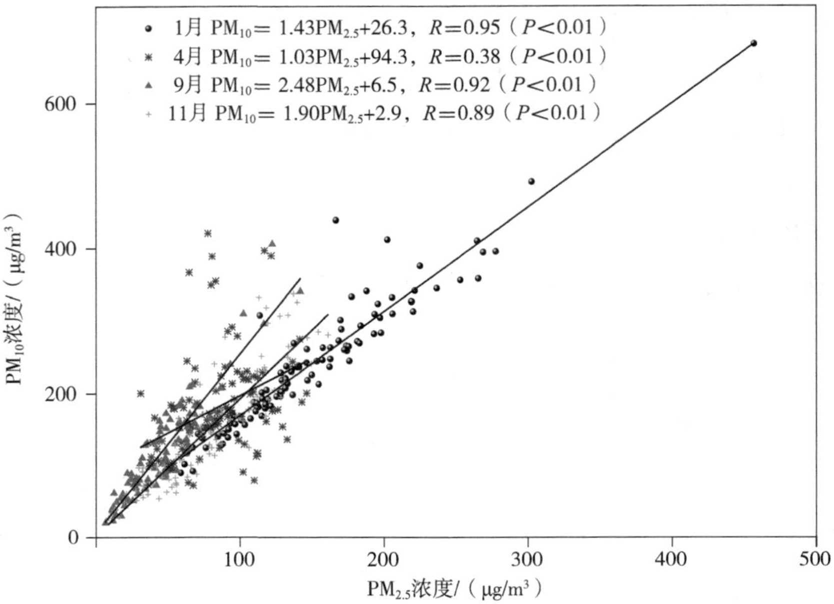

图 4-5　采样期间 PM_{10} 和 $PM_{2.5}$ 的相关性

4.2 空间变化特征

DHE、EPB、EMB、QSH、BGH 和 STU 6 个点位的 PM_{10} 浓度平均值分别为 255 μg/m^3、163 μg/m^3、148 μg/m^3、163 μg/m^3、160 μg/m^3 和 157 μg/m^3，分别是《环境空气质量标准》(GB 3095—2012）年均值二级标准的 3.6 倍、2.3 倍、2.1 倍、2.3 倍、2.3 倍和 2.2 倍。DHE、EPB、EMB、QSH、BGH 和 STU 6 个点位的 $PM_{2.5}$ 浓度平均值分别为 128 μg/m^3、82.6 μg/m^3、78.5 μg/m^3、80.4 μg/m^3、86.0 μg/m^3 和 84.1 μg/m^3，分别是《环境空气质量标准》(GB 3095—2012）年均值二级标准的 3.7 倍、2.4 倍、2.2 倍、2.3 倍、2.5 倍和 2.4 倍。由于受北梁拆迁改造项目（面积 13 km^2）和点位周边污染源的影响，DHE 点位 PM_{10} 和 $PM_{2.5}$ 的年均浓度是其他 5 个点位平均值的 1.61 倍和 1.54 倍，其他 5 个点位之间没有显著差异。

颗粒物的空间分布特征在不同的季节也存在不同。1 月，DHE 点位 PM_{10} 和 $PM_{2.5}$ 浓度最高，QSH 和 BGH 次之，EPB 最低。4 月，DHE 点位 PM_{10} 和 $PM_{2.5}$ 浓度最高，EPB 次之，EMB 较低。由于春季受风沙影响，DHE 点位与其他 5 个点位之间的差异减小，EPB 和 QSH 等点位受风沙影响较为明显，颗粒物浓度相对其他点位增加幅度较大。9 月，DHE 点位 PM_{10} 和 $PM_{2.5}$ 浓度最高，EPB 和 EMB 次之，STU 点位 PM_{10} 最低、QSH 点位 $PM_{2.5}$ 最低。11 月，DHE 点位 PM_{10} 和 $PM_{2.5}$ 浓度最高，BGH 次之，EPB 最低（见图 4–6）。

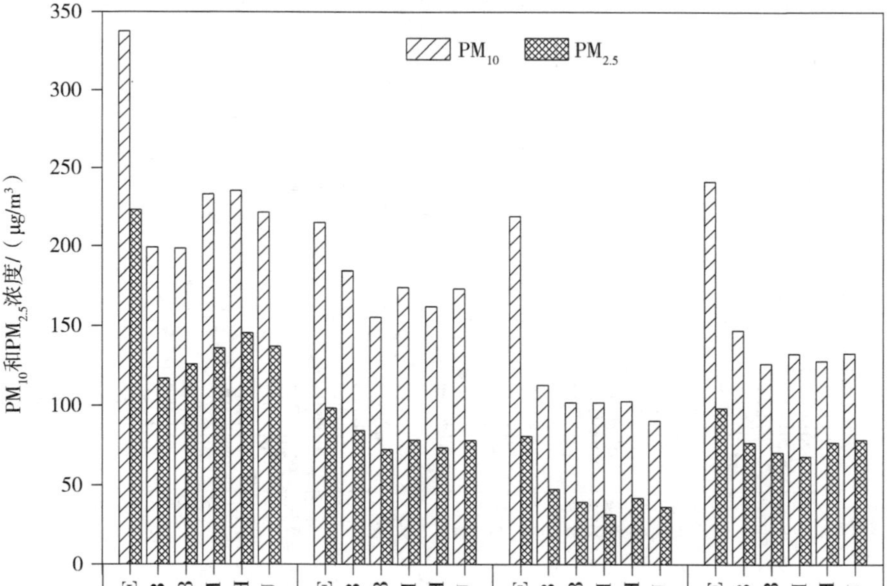

图 4–6　颗粒物空间分布

4.3 手工监测与自动监测对比

为验证本书数据的可靠性，笔者将采样期间颗粒物浓度手工监测值与同期自动监测数据进行了对比。由于 EPB 和 STU 为非国控点位，无自动站监测数据，所以本节仅将 DHE、EMB、QSH 和 BGH 4 个点位的手工监测值与自动站监测数值进行了比对分析（见图 4-7 至图 4-10）。手工监测值与同期自动监测数据的相关性系数在 0.59～0.98，除了 1 月 BGH 点位 PM_{10} 的手工监测值与同期自动监测数据在 0.05 水平上显著相关外，其他所有点位 PM_{10} 和 $PM_{2.5}$ 的手工监测值与自动监测数据均在 0.01 水平上显著相关，这表明整个监测过程，手工监测值与自动监测数据的时间变化趋势一致，二者具有可比性，现场采集到的颗粒物样品具有代表性，可真实反映颗粒物污染状况。

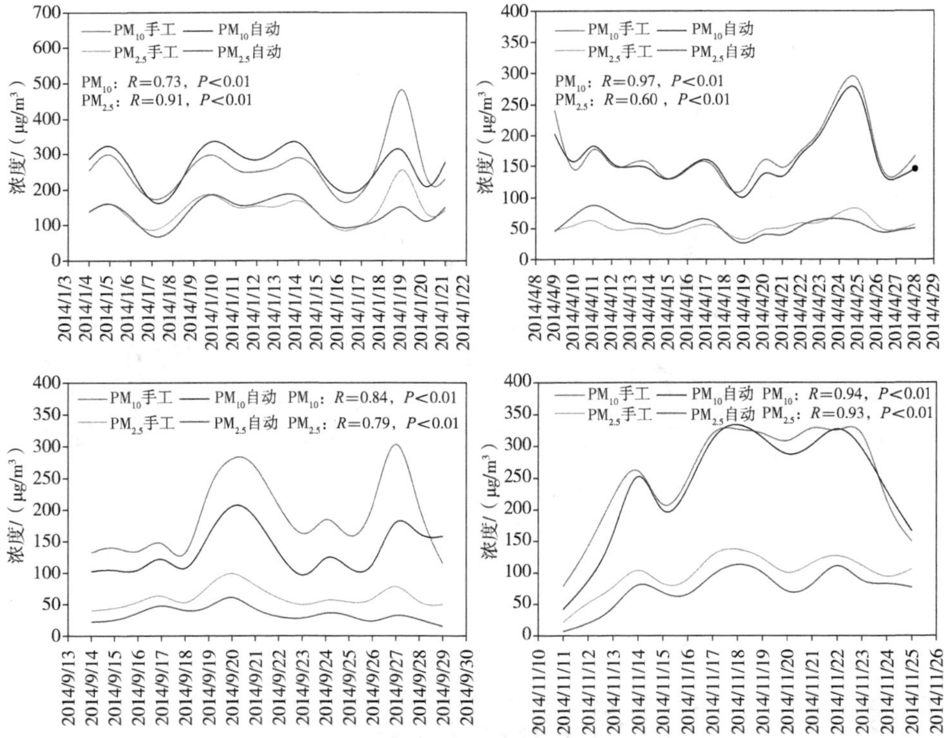

图 4-7　DHE 点位颗粒物手工监测值与自动站数据比对

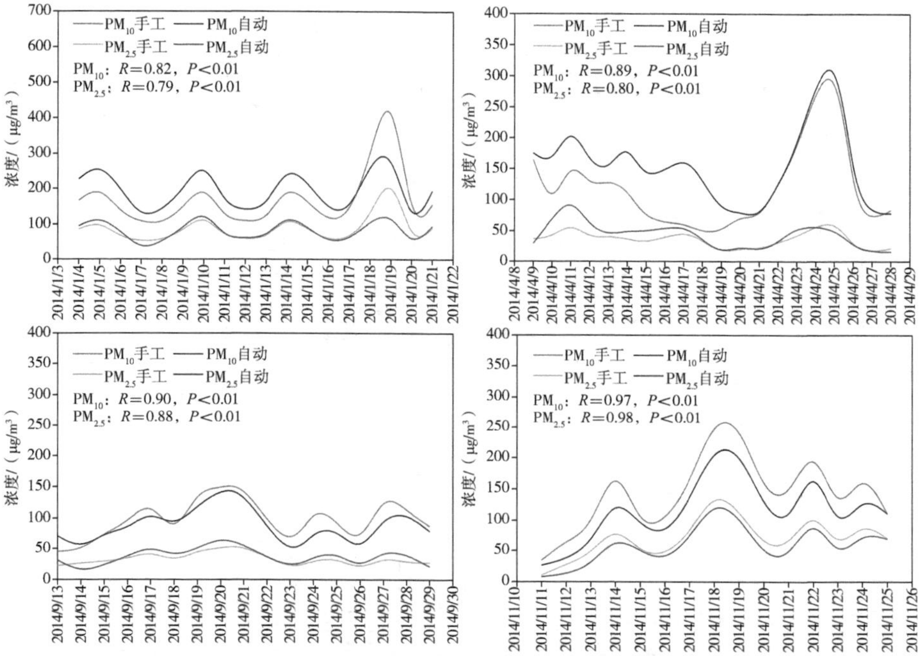

图 4-8　EMB 点位颗粒物手工监测值与自动站数据比对

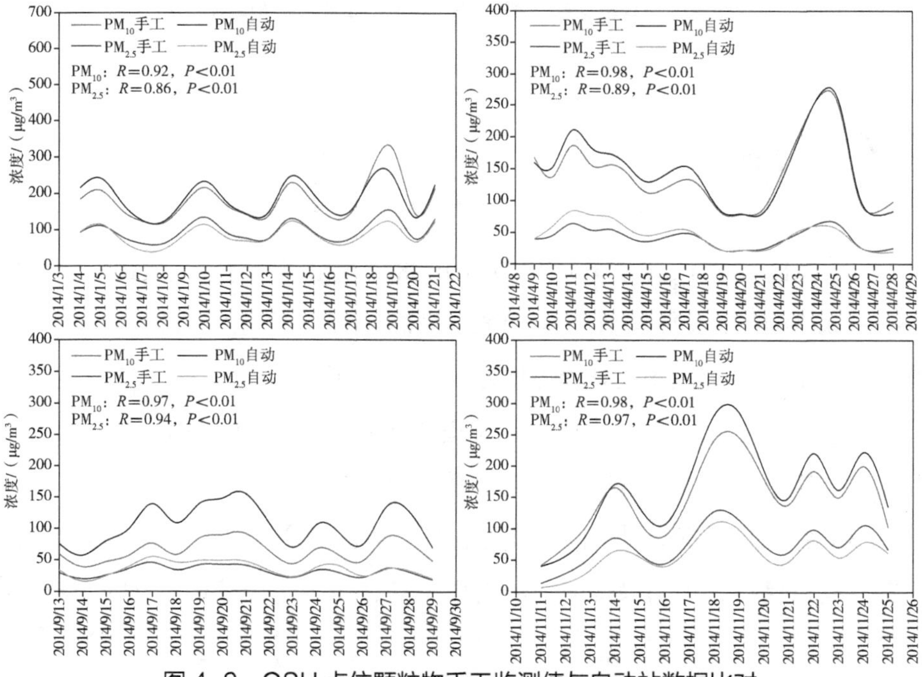

图 4-9　QSH 点位颗粒物手工监测值与自动站数据比对

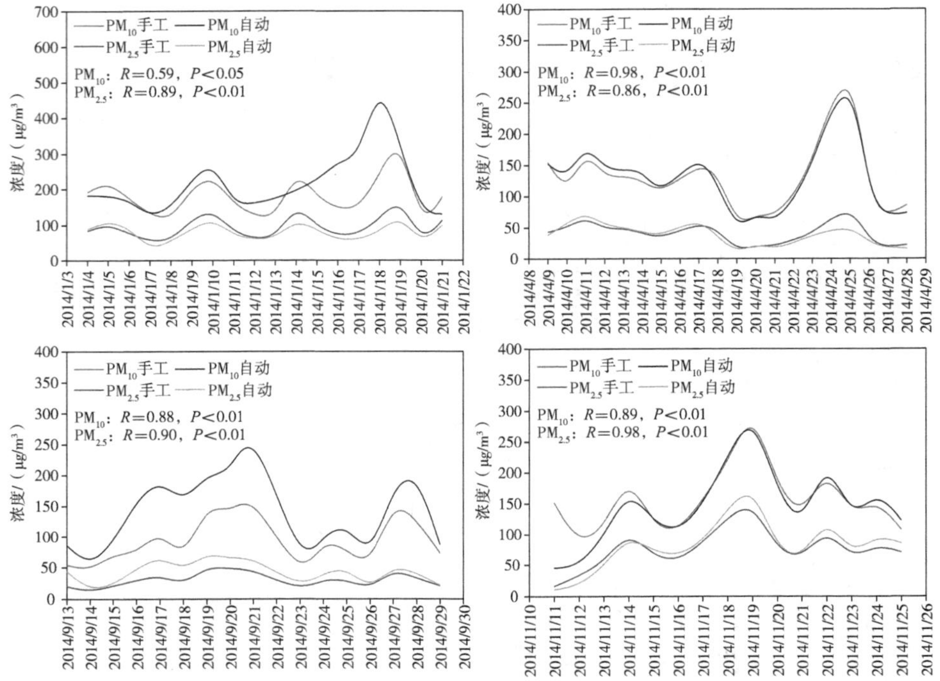

图 4-10　BGH 点位颗粒物手工监测值与自动站数据比对

4.4　小结

（1）PM_{10} 和 $PM_{2.5}$ 浓度分别有 43 天和 38 天超出《环境空气质量标准》（GB 3095—2012）的 24 h 平均值二级标准，最高超标倍数分别为 9.4 倍和 3.8 倍。PM_{10} 和 $PM_{2.5}$ 浓度的季节变化趋势较为一致，1 月最高，11 月次之，9 月最低。

（2）由于受北梁拆迁改造和点位周边污染源的影响，DHE 点位 PM_{10} 和 $PM_{2.5}$ 的年均浓度分别是其他 5 个点位平均值的 1.61 倍和 1.54 倍。

（3）手工监测值与同期自动监测数据均显著相关，这表明整个监测过程，两者具有可比性，现场采集的颗粒物样品具有代表性，可真实反映颗粒物污染状况。

5 PM_{10} 和 $PM_{2.5}$ 环境地球化学特征

颗粒物对太阳辐射、能见度、云雾形成和气粒转化过程等的影响，主要取决于颗粒物粒径和化学组成。颗粒物化学组成及其来源研究对大气颗粒物的形成机理、传输机制和污染源识别等均具有重要意义。

本章主要结合气象参数，针对包头市 PM_{10} 和 $PM_{2.5}$ 中的水溶性离子、有机碳、元素碳和金属元素的污染水平进行数理统计分析，厘清 PM_{10} 和 $PM_{2.5}$ 化学组分时空变化特征、来源及其对重污染天气的响应关系，为包头市的 PM_{10} 和 $PM_{2.5}$ 污染防治提供科学依据和技术支持。

5.1 水溶性离子污染特征和来源

5.1.1 污染特征

PM_{10} 中 WSIs 总量依次为 1 月［（49.6 ± 19.7）μg/m^3］>4 月［（31.7 ± 16.8）μg/m^3］>11 月［（30.2 ± 15.3）μg/m^3］>9 月［（26.1 ± 11.8）μg/m^3］，分别占 PM_{10} 质量浓度的 21.5%、18.0%、21.1% 和 24.3%（见图 5–1）。$PM_{2.5}$ 中 WSIs 总量依次为 1 月［（39.0 ± 17.0）μg/m^3］>11 月［（23.7 ± 12.6）μg/m^3］>4 月［（21.2 ± 12.2）μg/m^3］>9 月［（18.6 ± 8.52）μg/m^3］，分别占 $PM_{2.5}$ 质量浓度的 26.2%、33.4%、23.9% 和 40.4%（见图 5–2）。1 月的 WSIs 总量最高，这与燃煤取暖所排放的大量气态污染物有关。监测期间 SO_2、NO_2 和

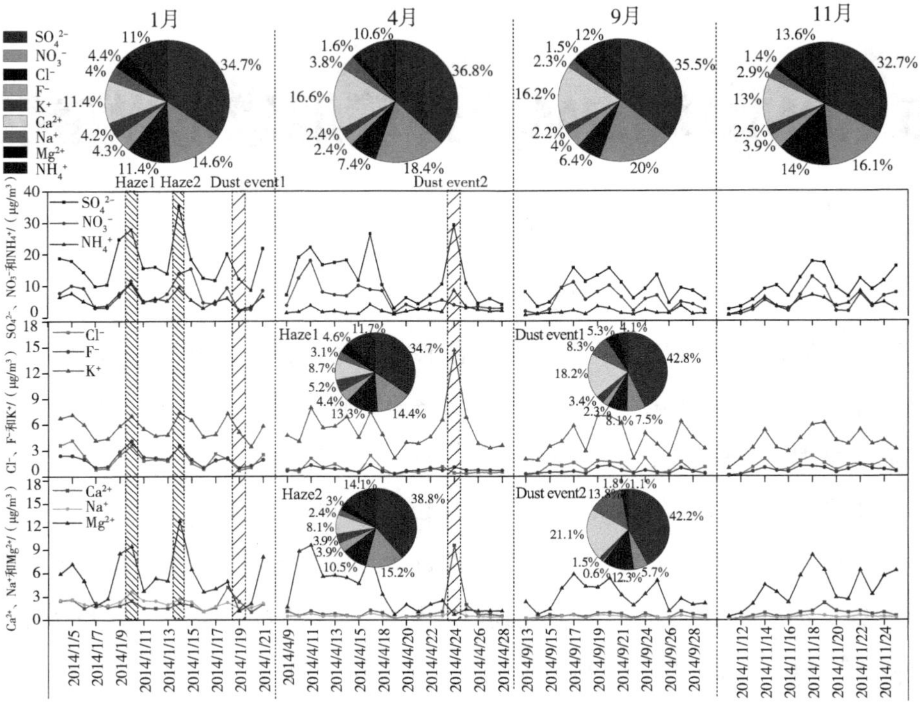

图 5-1 PM$_{10}$ 中 WSIs 日变化和质量百分比

CO 的平均浓度顺序依次为 1 月 [(134 ± 53.0) μg/m^3] >11 月 [(62.2 ± 28.3) μg/m^3] >4 月 [(38.3 ± 16.6) μg/m^3] >9 月 [(32.3 ± 9.8) μg/m^3]、1 月 [(59.2 ± 18.4) μg/m^3] >11 月 [(58.2 ± 14.7) μg/m^3] >9 月 [(48.9 ± 12.3) μg/m^3] > 4 月 [(41.3 ± 13.3) μg/m^3] 和 1 月 [(3.5 ± .5) mg/m^3] >11 月 [(2.6 ± 0.7) mg/m^3] > 9 月 [(1.2 ± 0.5) mg/m^3] >4 月 [(1.1 ± 0.3) mg/m^3]。1 月和 11 月（采暖季）SO_2、NO_2 和 CO 平均浓度明显高于 4 月和 9 月（非采暖季）。1 月的低风速（2.34 m/s，采样期间最低）、静稳天气和低混合层高度易造成颗粒物和 WSIs 的积累。有研究表明[88]，当风速高于 6 m/s 时，风速与颗粒物浓度正相关；而风速低于 6 m/s 时，风速越大越有利于颗粒物的扩散。本书中，两次沙尘污染天气风速在某些时段高于此临界值（最高达到 13.6 m/s），导致颗粒物浓度

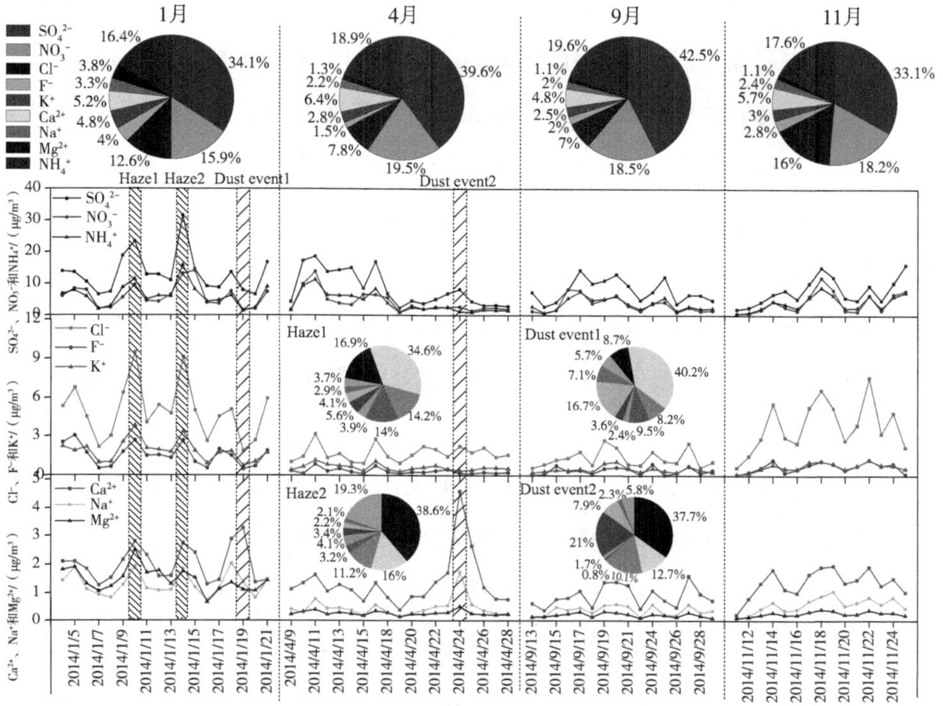

图 5-2 $PM_{2.5}$ 中 WSIs 日变化和质量百分比

升高。沙尘天气的高风速易引起一次颗粒物再悬浮而导致颗粒物和地壳类元素浓度增高[89,90]，这与 4 月颗粒物和 WSIs 浓度均高于 11 月的结果相吻合。9 月，燃煤量较少导致气态污染物也较少，加之该时段集中降水（54 mm，采样期最高）的雨除和冲刷作用，可有效降低颗粒物浓度，导致 WSIs 也随之降低。

2 个雾霾天气主要以高 $PM_{2.5}$、SO_2 和 NO_2 浓度和低风速为特征。雾霾天气 SO_2 和 NO_2 日均值明显高于正常天气和沙尘天气。2 个沙尘天气主要以高 PM_{10}、低 $PM_{2.5}/PM_{10}$ 值和高风速为特征。1 月 19 日和 4 月 24 日最高 PM_{10} 日均值为 681 μg/m^3（DHE 点位）和 1 697 μg/m^3（BGH 点位）。雾霾天气、沙尘天气和正常天气 PM_{10} 中总 WSIs 浓度分别为 85.6 μg/m^3、48.9 μg/m^3 和 33.4 μg/m^3，

分别占 PM_{10} 质量浓度的 28.0%、5.4% 和 21.4%。雾霾天气、沙尘天气和正常天气 $PM_{2.5}$ 中总 WSIs 浓度分别为 74.7 μg/m³、20.8 μg/m³ 和 24.7 μg/m³，分别占 $PM_{2.5}$ 质量浓度的 35.7%、7.2% 和 31.4%。雾霾天气、沙尘天气和正常天气 PM_{10} 中 WSIs 浓度为 $SO_4^{2-}>NO_3^->NH_4^+>Cl^->Ca^{2+}>K^+>F^->Mg^{2+}>Na^+$、$SO_4^{2-}>NO_3^->Ca^{2+}>NH_4^+>Cl^->F^->Na^+>K^+>Mg^{2+}$ 和 $SO_4^{2-}>NO_3^->Cl^->Ca^{2+}>Na^+>Mg^{2+}>K^+>NH_4^+>F^-$。雾霾天气、沙尘天气和正常天气 $PM_{2.5}$ 中 WSIs 浓度为 $SO_4^{2-}>NH_4^+>NO_3^->Cl^->K^+>Ca^{2+}>F^->Mg^{2+}>Na^+$、$SO_4^{2-}>Ca^{2+}>NO_3^->Cl^->Na^+>NH_4^+>Mg^{2+}>K^+>F^-$ 和 $SO_4^{2-}>NO_3^-\approx NH_4^+>Cl^->Ca^{2+}>K^+>F^->Na^+>Mg^{2+}$。

雾霾天和正常天 SO_4^{2-}、NH_4^+ 和 NO_3^- 是主要的水溶性离子，而沙尘天 SO_4^{2-} 和 NO_3^- 浓度迅速降低[91]，导致沙尘天 SO_4^{2-} 和 NO_3^- 浓度远低于雾霾天和正常天。1 月 19 日 PM_{10} 中 Ca^{2+} 和 Na^+ 浓度分别为 5.14 μg/m³（占 WSIs 的 18.2%）和 2.35 μg/m³（占 WSIs 的 8.3%），4 月 24 日 Ca^{2+} 和 Na^+ 浓度分别为 14.6 μg/m³（占 WSIs 的 21.1%）和 9.57 μg/m³（占 WSIs 的 13.8%）。1 月 19 日 $PM_{2.5}$ 中 Ca^{2+} 和 Na^+ 浓度分别为 3.27 μg/m³（占 WSIs 的 16.7%）和 1.38 μg/m³（占 WSIs 的 7.1%），4 月 24 日 Ca^{2+} 和 Na^+ 浓度分别为 4.59 μg/m³（占 WSIs 的 21.0%）和 1.73 μg/m³（占 WSIs 的 7.9%）。沙尘天，PM_{10} 和 $PM_{2.5}$ 中 Ca^{2+} 和 Na^+ 浓度均为正常天和雾霾天的两倍以上。Ca^{2+} 主要来源于沙尘和建筑尘[92]，因此沙尘天 Ca^{2+} 浓度较高。沿海地区颗粒物中的 Na^+ 主要来自海盐，而内陆地区细颗粒物和粗颗粒物中的 Na^+ 分别来自燃煤和土壤尘[93]。包头市作为内陆城市，可排除海盐的影响，且内蒙古土壤 Na^+ 的背景值较高（1.50%）[94]，因此包头市颗粒物中的 Na^+ 主要来源于土壤尘。与沙尘天相比，雾霾天颗粒物中 SO_4^{2-}、NO_3^-、NH_4^+、K^+ 和 Cl^- 浓度较高。不同于一次排放组分，SO_4^{2-}、NO_3^- 和 NH_4^+ 主要受气态前体物浓度和光化学反应的影响。有研究表明[95,96]，当本地源占主导时，低风速导致 SO_4^{2-} 浓度较高，而区域传输占主导时，高风速导致 SO_4^{2-} 浓度较低，因为高风速可以稀释和消除污染物。雾霾天 PM_{10}

和 $PM_{2.5}$ 中 SO_4^{2-} 浓度分别为 31.6 μg/m³ 和 27.5 μg/m³，而沙尘天迅速降为 11.5 μg/m³ 和 8.07 μg/m³。因此雾霾天 SO_4^{2-} 主要来自本地源，而沙尘天 SO_4^{2-} 主要以区域传输为主。包头市作为内陆城市，无海盐影响，且 Cl^- 与 SO_2 浓度季节变化趋势一致。因此，取暖季 Cl^- 和 K^+ 浓度的升高主要归因于生物质燃烧、燃煤和不利气象条件[97-99]。因此，二次无机离子和生物质燃烧、燃煤等本地源是雾霾天的 WSIs 主要源类，而沙尘天 WSIs 主要来自沙尘源。

5.1.2 化学计量学关系

PM_{10} 和 $PM_{2.5}$ 中电荷浓度[100,101]和碳酸根离子浓度[102,103]可通过以下公式计算：

$$\text{阳离子电荷浓度（CE）}=Na^+/23+NH_4^+/18+K^+/39+Mg^{2+}/12+Ca^{2+}/20 \quad (5-1)$$

$$\text{阴离子电荷浓度（AE）}=Cl^-/35.5+SO_4^{2-}/48+NO_3^-/62+F^-/19 \quad (5-2)$$

$$[\text{估算 } CO_3^{2-}]=CE-AE \quad (5-3)$$

正常天时，[NH_4^+] 与 [SO_4^{2-}]、[SO_4^{2-}+NO_3^-]（见图 5-3、图 5-4、表 5-1 和表 5-2）显著相关。硫酸盐和硝酸盐由 SO_2 和 NO_x 的气相或液相反应生成。冬季硫酸盐的形成主要依赖非均相反应，而硝酸盐的形成机制更为复杂[104,105]。氨的浓度、相对湿度和颗粒物性质等均对硝酸盐的形成有影响[19,25,106,107]。硝酸盐的形成机制主要有两个途径，即 NO_2 与 OH^- 和 O_3 的均相气相反应和 N_2O_5 的非均相水解[108]。环境空气中硫酸和硝酸与氨反应形成相应的铵盐[104]。当 NH_3 不足时，NH_3 优先与 H_2SO_4 反应生成 NH_4HSO_4，而当 NH_3 充足时，NH_4HSO_4 迅速转变为 $(NH_4)_2SO_4$。当 NH_3 过量时，剩余的 NH_3 与 HNO_3 反应生成 NH_4NO_3[91,109-111]。PM_{10} 中 1 月、4 月、9 月和 11 月平均 NH_4^+/SO_4^{2-} 摩尔比值分别为 1.62、1.51、1.67 和 2.11，结合 [NH_4^+] 与 [SO_4^{2-}][见图 5-3（a）] 的斜率、[NH_4^+] 与 [NO_3^-][见图 5-3（b）] 的斜率、

NH_4^+/SO_4^{2-} 摩尔比值可知，1月、4月和9月 PM_{10} 中 NH_4^+ 主要以（NH_4）$_2SO_4$ 和 NH_4HSO_4 的形式存在，而11月 PM_{10} 中 NH_4^+ 主要以（NH_4）$_2SO_4$ 和 NH_4NO_3 的形式存在。$PM_{2.5}$ 中1月、4月、9月和11月平均 NH_4^+/SO_4^{2-} 摩尔比值分别为2.47、2.42、2.38和2.69，均高于2。因此，结合［NH_4^+］与［SO_4^{2-}］［见图5–4（a）］的斜率、［NH_4^+］与［NO_3^-］［见图5–4（b）］的斜率可知，采样期内 NH_4^+ 主要以（NH_4）$_2SO_4$ 和 NH_4NO_3 的形式存在。［Ca^{2+}］与［SO_4^{2-}］、［Ca^{2+}］与［NO_3^-］、［$Ca^{2+}+NH_4^+$］与［$SO_4^{2-}+NO_3^-$］之间的线性关系表明，过量的硫酸和硝酸被碳酸盐（例如 $CaCO_3$）所中和［见图5–3（e）~5–3（g）、图5–4（e）~图5–4（g）］，生成 $CaSO_4$ 和 $Ca(NO_3)_2$［112,113］。沙尘天，［NH_4^+］与［$SO_4^{2-}+NO_3^-$］之间的斜率明显高于1∶1线，表明部分 SO_4^{2-} 或 NO_3^- 与 Ca^{2+} 和 Mg^{2+} 等阳离子结合，这与［$Ca^{2+}+NH_4^+$］与［$SO_4^{2-}+NO_3^-$］之间的相关性高于［NH_4^+］与［$SO_4^{2-}+NO_3^-$］之间的相关性结果一致。因此，由于沙尘的影响，春季我国北方地区颗粒物经常呈弱碱性［105,114］。雾霾天，［Ca^{2+}］与［NO_3^-］具有较高的相关性，而与［SO_4^{2-}］和［估算 CO_3^{2-}］相关性不高，说明大部分的钙以 $Ca(NO_3)_2$ 的形式存在。正常天和雾霾天所有样品AE与CE之间的斜率接近1∶1线，表明阴阳离子基本平衡。沙尘天，AE和CE的线性回归方程斜率明显低于1∶1线，表明阳离子过剩而导致颗粒物呈碱性，且［Ca^{2+}］和［估算 CO_3^{2-}］线性较好且斜率较大［见图5–3（h）、图5–4（h）、表5–1和表5–2］，表明这两种离子均来源于矿物尘。矿物尘是大气颗粒物中碳酸盐的主要来源［115,116］，颗粒物表面的碱性碳酸盐更易吸收 SO_2 和 NO_x，使其转变为 SO_4^{2-} 和 NO_3^-，同时去除气态 HNO_3 和 H_2SO_4，进而影响大气化学和气溶胶特性［117–120］。

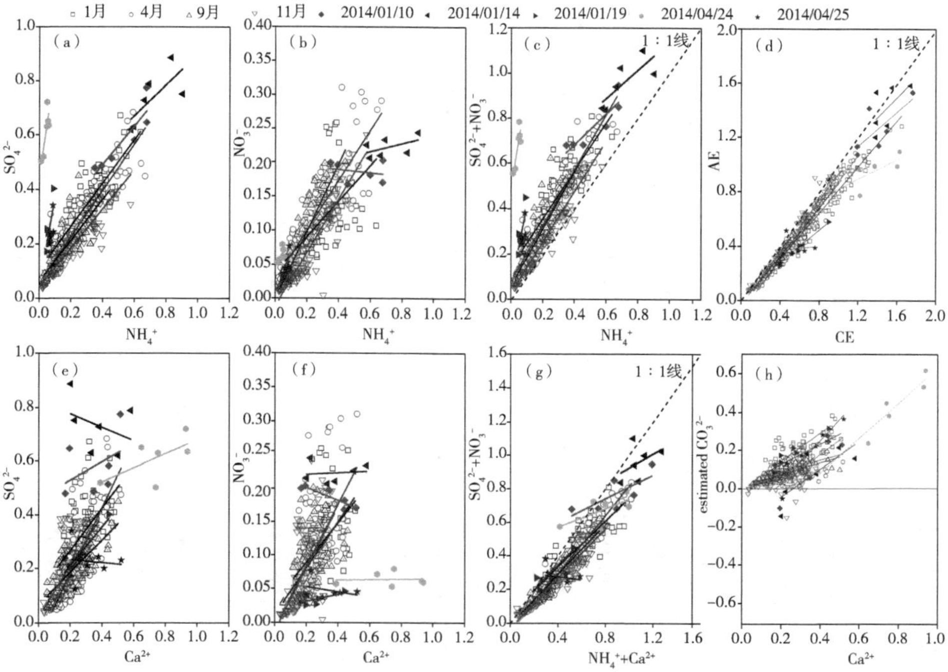

图 5-3　PM_{10} 中 WSIs 散点

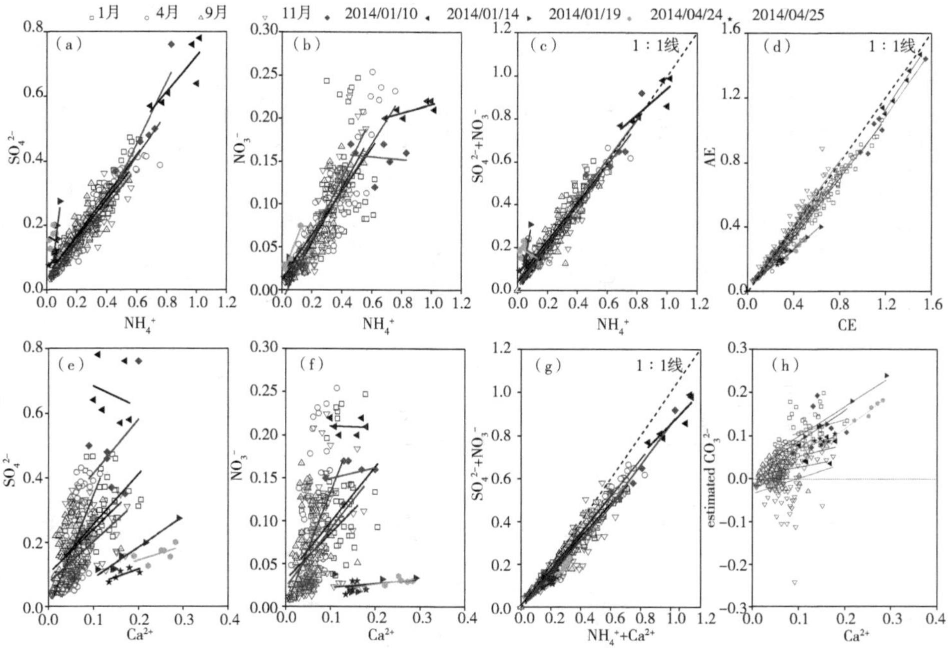

图 5-4　$PM_{2.5}$ 中 WSIs 散点

表 5-1　PM_{10} 中 WSIs 之间的相关性

X 与 Y	正常天				雾霾天		沙尘天	
	1 月（n=90）	4 月（n=102）	9 月（n=96）	11 月（n=90）	2014/01/10（n=6）	2014/01/14（n=6）	2014/01/19（n=6）	2014/04/24（n=6）
NH_4^+ 与 SO_4^{2-}	$y=0.105+0.798x$, $R=0.87^{**}$	$y=0.056+0.852x$, $R=0.93^{**}$	$y=0.062+0.753x$, $R=0.84^{**}$	$y=0.041+0.719x$, $R=0.91^{**}$	$y=0.207+0.712x$, $R=0.89^{*}$	$y=0.331+0.568x$, $R=0.74$	$y=0.042+3.28x$, $R=0.71$	$y=0.445+4.01x$, $R^2=0.85^{*}$
NH_4^+ 与 NO_3^-	$y=0.038+0.262x$, $R=0.60^{**}$	$y=0.026+0.369x$, $R=0.89^{**}$	$y=-0.002+0.498x$, $R=0.88^{**}$	$y=-0.012+0.394x$, $R=0.92^{**}$	$y=0.199-0.024x$, $R=-0.22$	$y=0.180+0.059\,3x$, $R=0.52$	$y=0.017+0.260x$, $R=0.67$	$y=0.051+0.308x$, $R=0.56$
NH_4^+ 与 [$SO_4^{2-}+NO_3^-$]	$y=0.143+1.06x$, $R=0.92^{**}$	$y=0.082+1.22x$, $R=0.96^{**}$	$y=0.060+1.25x$, $R=0.89^{**}$	$y=0.029+1.11x$, $R=0.94^{**}$	$y=0.406+0.688x$, $R=0.90^{*}$	$y=0.511+0.627x$, $R=0.79$	$y=0.059+3.54x$, $R=0.72$	$y=0.496+4.31x$, $R=0.86^{*}$
CE 与 AE	$y=-0.032+0.845x$, $R=0.96^{**}$	$y=-0.082+0.955x$, $R=0.98^{**}$	$y=-0.025+0.883x$, $R=0.98^{**}$	$y=-0.034+0.966x$, $R=0.98^{**}$	$y=0.370+0.635x$, $R=0.75$	$y=0.317+0.734x$, $R=0.61$	$y=0.052+0.584x$, $R=0.97^{**}$	$y=0.470+0.352x$, $R=0.79$
Ca^{2+} 与 SO_4^{2-}	$y=0.109+0.790x$, $R=0.82^{**}$	$y=-0.066+1.23x$, $R=0.74^{**}$	$y=0.064+0.607x$, $R=0.74^{**}$	$y=0.020+0.944x$, $R=0.71^{**}$	$y=0.460+0.344x$, $R=0.42$	$y=0.827-0.250x$, $R=-0.37$	$y=0.065+0.728x$, $R=0.91^{*}$	$y=0.418+0.263x$, $R=0.64$
Ca^{2+} 与 NO_3^-	$y=0.029+0.299x$, $R=0.71^{**}$	$y=-0.010+0.463x$, $R=0.61^{**}$	$y=0.011+0.347x$, $R=0.67^{**}$	$y=-0.013+0.463x$, $R=0.65^{**}$	$y=0.220-0.096\,2x$, $R=-0.89^{*}$	$y=0.218+0.012\,3x$, $R=0.12$	$y=0.020+0.054\,4x$, $R=0.64$	$y=0.062+0.002\,70x$, $R=0.\,05$

续表

X 与 Y	正常天				雾霾天		沙尘天	
	1 月（n=90）	4 月（n=102）	9 月（n=96）	11 月（n=90）	2014/01/10（n=6）	2014/01/14（n=6）	2014/01/19（n=6）	2014/04/24（n=6）
[Ca^{2+}+NH_4^+] 与 [SO_4^{2-}+NO_3^-]	y=0.057+0.689x，R=0.94**	y=−0.060+0.877x，R=0.97**	y=−0.012+0.750x，R=0.94**	y=−0.030+0.750x，R=0.92**	y=0.456+0.355x，R=0.75	y=0.510+0.414x，R=0.45	y=0.062+0.697x，R=0.92**	y=0.462+0.274x，R=0.65
Ca^{2+} 与 CO_3^{2-}	y=0.020+0.532x，R=0.78**	y=0.040+0.272x，R=0.54**	y=0.014+0.302x，R=0.77**	y=0.011+0.205x，R=0.37**	y=−0.131+0.772x，R=0.76	y=−0.189+0.727x，R=0.79	y=−0.005+0.742x，R=0.95**	y=−0.286+0.917x，R=0.96**

注：** 表示在 0.01 水平（双侧）上显著相关；* 表示在 0.05 水平（双侧）上显著相关。

表 5-2　$PM_{2.5}$ 中 WSIs 之间的相关性

X 与 Y	正常天				雾霾天		沙尘天	
	1 月（n=90）	4 月（n=102）	9 月（n=96）	11 月（n=90）	2014/01/10（n=6）	2014/01/14（n=6）	2014/01/19（n=6）	2014/04/24（n=6）
NH_4^+ 与 SO_4^{2-}	y=0.043+0.630x，R=0.95**	y=0.021+0.659x，R=0.96**	y=0.046+0.583x，R=0.90**	y=0.027+0.589x，R=0.93**	y=−0.119+0.956x，R=0.96**	y=0.171+0.554x，R=0.98**	y=−0.073+3.80x，R=0.94**	y=0.168−0.283x，R^2=0.47
NH_4^+ 与 NO_3^-	y=0.013+0.255x，R=0.76**	y=0.003+0.279x，R=0.86**	y=−0.009+0.318x，R=0.90**	y=−0.013+0.357x，R=0.83**	y=0.165−0.016x，R=0.83*	y=0.167+0.0494x，R=0.95**	y=0.023+0.0548x，R=0.67	y=0.015+0.446x，R=0.95**

续表

X与Y	正常天				雾霾天		沙尘天	
	1月（n=90）	4月（n=102）	9月（n=96）	11月（n=90）	2014/01/10（n=6）	2014/01/14（n=6）	2014/01/19（n=6）	2014/04/24（n=6）
NH_4^+与［$SO_4^{2-}+NO_3^-$］	$y=0.055+0.886x$，$R=0.97^{**}$	$y=0.027+0.930x$，$R=0.98^{**}$	$y=0.038+0.887x$，$R=0.93^{**}$	$y=0.014+0.945x$，$R=0.95^{**}$	$y=0.046+0.940x$，$R=0.89^{*}$	$y=0.337+0.604x$，$R=0.86^{*}$	$y=-0.050+3.85x$，$R=0.85^{*}$	$y=0.207-0.437x$，$R=0.22$
CE与AE	$y=-0.027+0.914x$，$R=0.99^{**}$	$y=-0.004+0.912x$，$R=0.99^{**}$	$y=0.010+0.916x$，$R=0.99^{**}$	$y=0.009+1.01x$，$R=0.97^{**}$	$y=-0.164+1.04x$，$R=0.97^{**}$	$y=-0.187+1.10x$，$R=0.81^{*}$	$y=0.010+0.631x$，$R=0.97^{**}$	$y=-0.060+0.810x$，$R=0.71$
Ca^{2+}与SO_4^{2-}	$y=0.099+1.56x$，$R=0.79^{**}$	$y=-0.010+3.56x$，$R=0.61^{**}$	$y=0.102+1.37x$，$R=0.48^{**}$	$y=0.075+1.27x$，$R=0.50^{**}$	$y=0.246+1.68x$，$R=0.43$	$y=0.748-0.655x$，$R=-0.24$	$y=-0.007+0.956x$，$R=0.97^{**}$	$y=-0.056+0.441x$，$R=0.61$
Ca^{2+}与NO_3^-	$y=0.033+0.651x$，$R=0.66^{**}$	$y=-8.13+1.33x$，$R=0.51^{**}$	$y=0.031+0.538x$，$R=0.34^{**}$	$y=0.023+0.673x$，$R=0.43^{**}$	$y=0.137+0.126x$，$R=0.84^{**}$	$y=0.212-0.0172x$，$R=0.79^{*}$	$y=0.018+0.0462x$，$R=0.70$	$y=0.013+0.0667x$，$R=0.95^{**}$
［$Ca^{2+}+NH_4^+$］与［$SO_4^{2-}+NO_3^-$］	$y=0.019+0.773x$，$R=0.98^{**}$	$y=-0.007+0.872x$，$R=0.98^{**}$	$y=0.009+0.850x$，$R=0.97^{**}$	$y=-0.006+0.793x$，$R=0.93^{**}$	$y=-0.094+0.947x$，$R=0.96^{**}$	$y=0.138+0.716x$，$R=0.90^{*}$	$y=-0.008+0.872x$，$R=0.95^{**}$	$y=-0.100+1.01x$，$R=0.99^{**}$
Ca^{2+}与CO_3^{2-}	$y=0.016+0.715x$，$R=0.78^{**}$	$y=-0.007+0.773x$，$R=0.75^{**}$	$y=0.007+0.210x$，$R=0.25^{*}$	$y=-0.035+0.359x$，$R=0.28^{**}$	$y=0.076+0.311x$，$R=0.23$	$y=0.026+0.264x$，$R=0.31$	$y=0.031+0.681x$，$R=0.99^{**}$	$y=-0.038+0.775x$，$R=0.99^{**}$

注：** 表示在 0.01 水平（双侧）上显著相关；* 表示在 0.05 水平（双侧）上显著相关。

5.1.3 来源解析

聚类分析中，组分聚为一类可认为这些组分具有相同的来源[121,122]。如图 5-5 和图 5-6 所示，NH_4^+、SO_4^{2-} 和 NO_3^- 代表光化学反应生成的二次无机气溶胶[123]，在 PM_{10} 和 $PM_{2.5}$ 中聚为一类，是包头市颗粒物中 WSIs 的主要来源。Ca^{2+} 和 Na^+ 代表沙尘源[92]，聚为一类。在 PM_{10} 中 Cl^-、K^+、Mg^{2+}、F^- 聚为一类，在 $PM_{2.5}$ 中 Cl^-、K^+、F^- 聚为一类，代表燃煤、生物质燃烧和工业源的混合源。

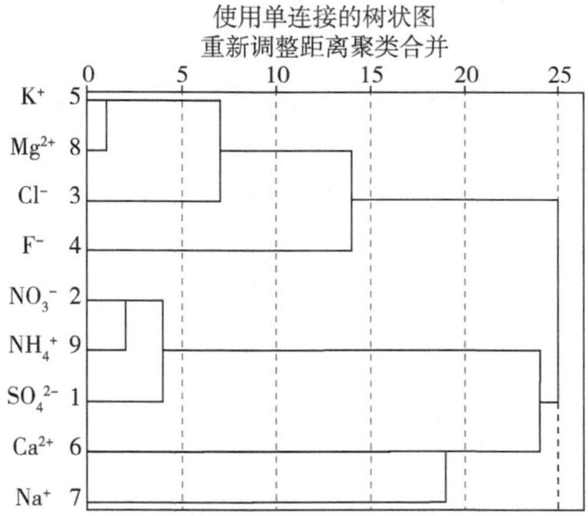

图 5-5 PM_{10} 中 WSIs 聚类分析

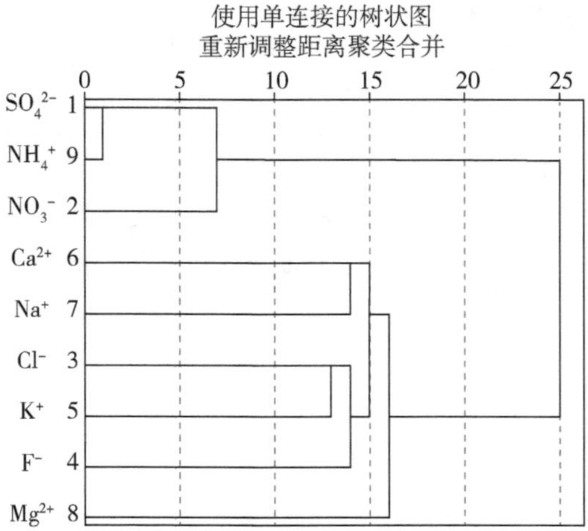

图 5-6 $PM_{2.5}$ 中 WSIs 聚类分析

虽然 Mg^{2+} 未与 Ca^{2+}、Na^{+} 聚为一类，但是这三种离子均被认为是扬尘源的示踪物[124]。因此，结合聚类分析结果可将 WSIs 分为三个类别，即［NH_4^+ + SO_4^{2-} + NO_3^-］、［Na^+ + Ca^{2+} + Mg^{2+}］和［Cl^- + K^+ + F^-］，分别代表二次无机离子组分、扬尘源组分和混合源组分。结果表明，沙尘天扬尘源离子组分［Na^+ + Ca^{2+} + Mg^{2+}］的百分比（PM_{10}：50.4% ± 5.6%，$PM_{2.5}$：47.0% ± 5.1%）明显高于正常天（PM_{10}：20.7% ± 5.5%，$PM_{2.5}$：20.6% ± 5.4%），沙尘天颗粒物中水溶性离子组分明显区别于正常天和雾霾天（见图 5-7 和图 5-8）。

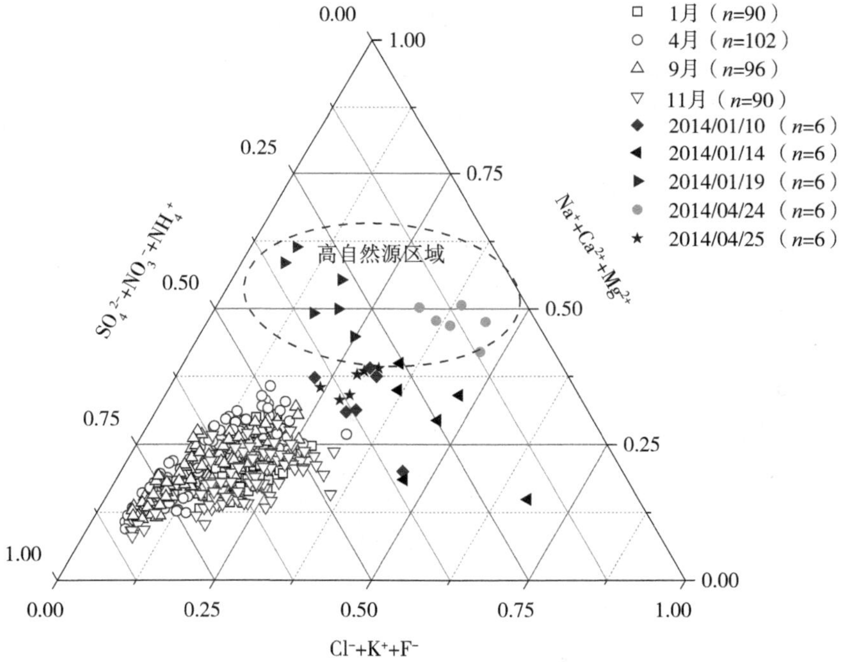

图 5-7　PM_{10} 中水溶性离子三元图

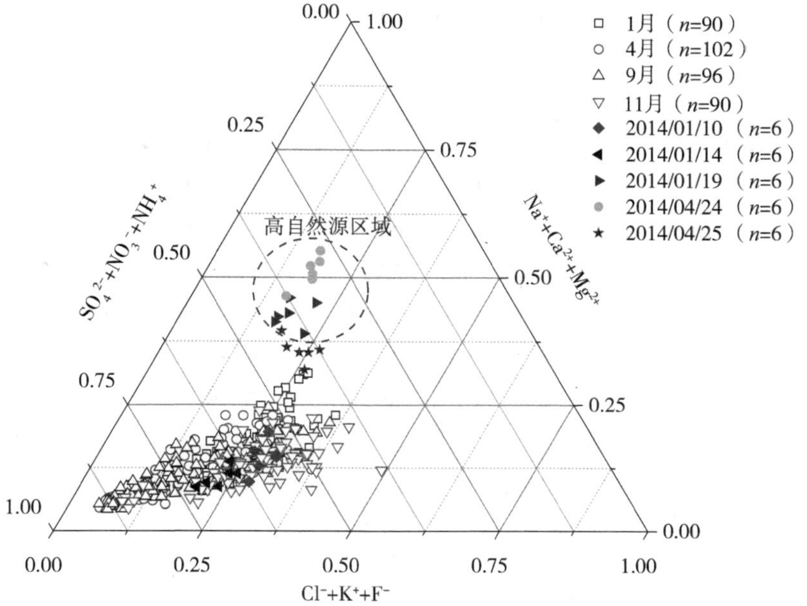

图 5-8　PM$_{2.5}$ 中水溶性离子三元图

本书采用主成分分析法（principal component analysis，PCA），对 PM$_{10}$ 和 PM$_{2.5}$ 中可能的 WSIs 来源进行了解析。提取到的 3 个因子可解释总方差的 84.5%～92.0%（见表 5-3 和表 5-4）。PC1 在 SO_4^{2-}、NO_3^- 和 NH_4^+ 上有较高载荷，代表二次无机离子源[125]。对于 PC2，Ca^{2+}、Na^+ 和 Mg^{2+} 的权重较高，Ca^{2+} 和 Mg^{2+} 主要来自扬尘[126-128]，且 Na^+ 和 Ca^{2+} 之间的相关性表明它们有着相同的来源。因此，PC2 可定义为扬尘源。PC3 在 Cl^-、F^- 和 K^+ 组分上载荷较高。Cl^- 和 K^+ 主要来自燃煤和生物质燃烧的排放[129-131]，F^- 则是包头市大气的典型污染物，主要来自电解铝企业和钢铁冶炼企业的排放。因此，可认为 PC3 是燃煤、生物质燃烧和工业污染源的混合源。PCA 的分析结果与聚类分析和三元图分析结果一致，扬尘源、二次无机离子源、燃煤、生物质燃烧和工业污染源是包头市 PM$_{10}$ 和 PM$_{2.5}$ 中 WSIs 的主要来源。

表 5-3　PM_{10} 中水溶性离子方差旋转因子载荷矩阵

组分	1 月			4 月			9 月			11 月		
	PC1	PC2	PC3	PC1	PC2	PC3	PC1	PC2	PC3	PC1	PC2	PC3
SO_4^{2-}	**0.810**	0.299	0.327	**0.640**	0.673	0.194	**0.845**	0.216	0.396	**0.857**	0.414	0.223
NO_3^-	**0.817**	0.221	0.131	**0.933**	0.064	0.160	**0.903**	0.295	0.183	**0.900**	0.143	0.347
Cl^-	**0.680**	0.297	**0.622**	–0.016	**0.897**	0.259	0.277	0.264	**0.764**	0.389	0.478	**0.706**
F^-	0.555	0.351	**0.532**	0.552	0.051	**0.713**	0.221	**0.896**	0.275	0.255	0.272	**0.837**
K^+	**0.638**	0.111	**0.679**	0.183	0.349	**0.858**	0.137	0.292	**0.893**	0.308	0.237	**0.882**
Ca^{2+}	0.399	**0.788**	0.178	0.162	**0.914**	0.137	0.409	**0.662**	0.553	0.423	**0.629**	0.582
Na^+	0.099	**0.891**	0.245	–0.155	**0.929**	–0.043	0.067	**0.704**	0.654	0.302	**0.829**	0.411
Mg^{2+}	0.172	0.280	**0.874**	0.229	**0.859**	0.293	0.323	**0.534**	0.592	0.365	0.49	**0.722**
NH_4^+	**0.920**	0.131	0.275	**0.949**	–0.021	0.242	**0.970**	0.071	0.077	**0.887**	0.264	0.345
解释的方差 / %	39.4	20.8	24.3	29.1	42.5	17.1	32.1	25.7	30.4	33.8	21.6	36.6

注：* 载荷 >0.6 加粗表示。

表 5-4　$PM_{2.5}$ 中水溶性离子方差旋转因子载荷矩阵

组分	1 月			4 月			9 月			11 月		
	PC1	PC2	PC3	PC1	PC2	PC3	PC1	PC2	PC3	PC1	PC2	PC3
SO_4^{2-}	**0.802**	0.292	0.384	**0.926**	0.179	0.176	**0.882**	0.362	0.052	**0.918**	0.320	0.016
NO_3^-	**0.878**	0.211	0.049	**0.889**	0.035	0.241	**0.898**	0.151	0.173	**0.937**	0.198	0.212
Cl^-	**0.699**	0.200	**0.646**	0.059	0.350	**0.842**	0.369	0.129	**0.808**	0.447	0.610	0.498
F^-	0.462	0.132	**0.781**	0.349	0.078	**0.759**	–0.096	0.484	**0.714**	0.098	0.456	**0.852**
K^+	0.701	0.122	0.513	0.400	0.032	**0.811**	0.202	**0.617**	0.560	0.361	**0.818**	0.350
Ca^{2+}	0.169	**0.951**	0.175	–0.050	**0.963**	–0.004	0.179	**0.761**	0.475	0.211	**0.900**	0.219
Na^+	0.341	**0.656**	0.559	–0.016	**0.936**	0.199	0.117	**0.618**	0.713	0.347	**0.833**	0.289
Mg^{2+}	0.135	0.310	**0.829**	0.315	**0.798**	0.240	0.271	**0.853**	0.176	0.397	**0.683**	0.368
NH_4^+	**0.908**	0.112	0.356	**0.938**	–0.044	0.313	**0.982**	0.035	0.142	**0.897**	0.368	0.172
解释的方差 / %	39.9	18.3	28.9	32.4	28.9	24.7	31.7	27.5	25.5	35.4	38.9	16.0

注：* 载荷 >0.6 加粗表示。

根据聚类分析、三元图和主成分分析结果，将 WSIs 分为三个类别，使用 Surfer 11.0 中克里格插值法绘制等值线图（见图 5-9 和图 5-10）。PM_{10} 和 $PM_{2.5}$ 中三个类别的 WSIs 浓度在东南区域较高，西北区域较低，这可能是由东南区域的北梁棚户区拆迁改造工程（见图 3-1，约 13 km^2 区域）使得扬尘再悬浮引起高浓度的颗粒物而导致的高 WSIs 浓度。PM_{10} 和 $PM_{2.5}$ 中［Na^+ + Ca^{2+} + Mg^{2+}］和［Cl^- + K^+ + F^-］的百分比也呈现东南区域较高的趋势。但是，PM_{10} 和 $PM_{2.5}$ 中［NH_4^++SO_4^{2-}+NO_3^-］百分比在西部区域较高，这可能与该区域密集的工业源有关。工业源所排放的大量 SO_2、NO_x 和 NH_3 等气态前体物导致 SO_4^{2-}、NO_3^- 和 NH_4^+ 浓度较高。西部区域［NH_4^+ + SO_4^{2-} + NO_3^-］所占比例相对较高，表明该区域二次无机离子对 WSIs 的贡献较大，东南区域［Na^+ + Ca^{2+} + Mg^{2+}］占比相对较高，表明该区域受到扬尘的影响较大。$PM_{2.5}$ 中［NH_4^+ + SO_4^{2-} + NO_3^-］占 WSIs 的百分比明显高于 PM_{10}，而 PM_{10} 中［Na^+ + Ca^{2+} + Mg^{2+}］占 WSIs 的百分比明显高于 $PM_{2.5}$，表明二次无机离子更容易富集在细颗粒物上，而扬尘源组分［Na^+ + Ca^{2+} + Mg^{2+}］更易富集在粗颗粒物上。

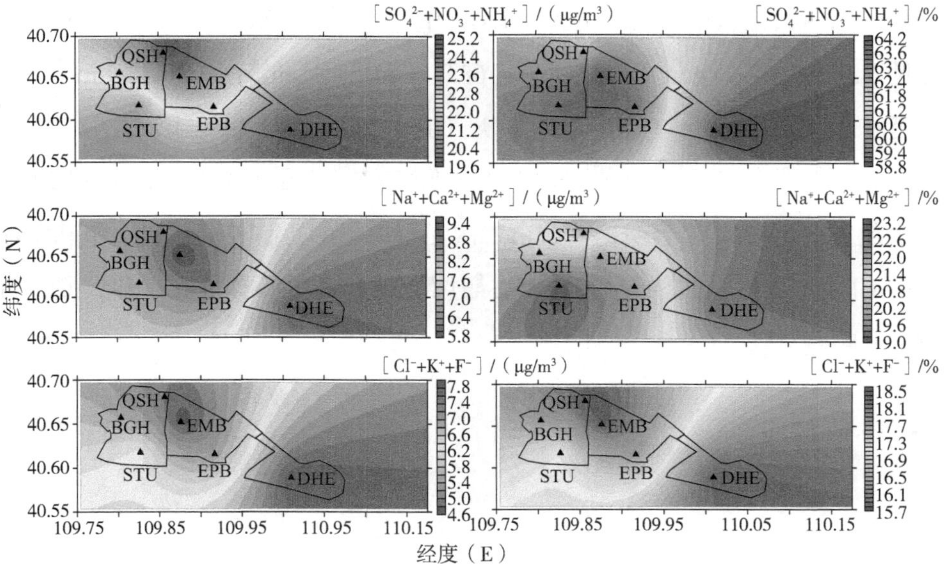

图 5-9　PM_{10} 中 WSIs 的空间分布

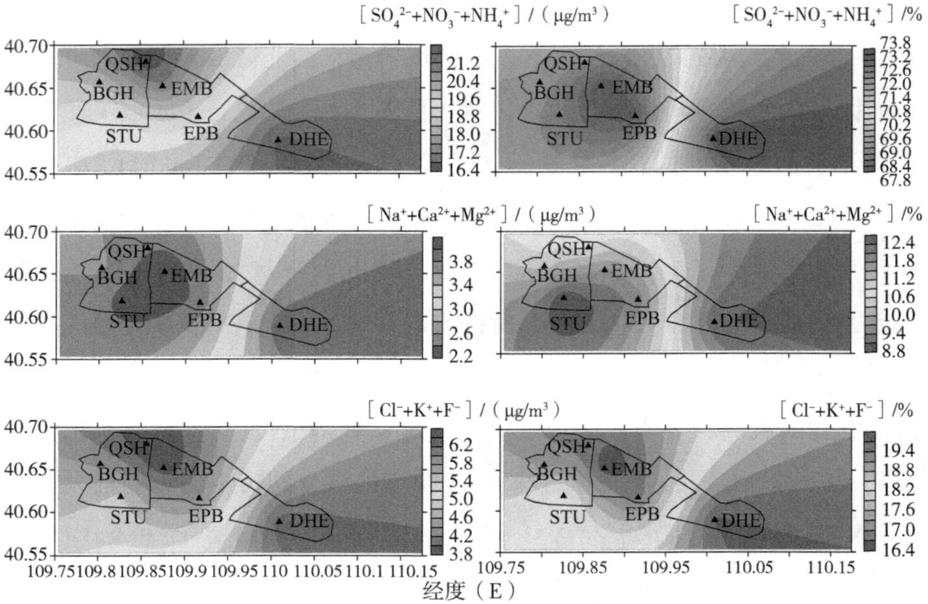

图 5-10　$PM_{2.5}$ 中 WSIs 的空间分布

与国内其他城市相比，包头市 $PM_{2.5}$ 中 WSIs 的平均浓度（23.7 μg/m³）明显低于北京（60.4 μg/m³）[132]、太原（68.9 μg/m³）[133] 和济南（38.3 μg/m³）[125]，接近中山（22.4 μg/m³）[134]，高于杭州（13.8 μg/m³）[135]（见图 5-11）。北京、杭州和济南的［NH_4^+ + SO_4^{2-} + NO_3^-］分别占 WSIs 总量的 88%、89% 和 90%，高于包头市（69%），表明这些城市二次无机离子的贡献较高。包头市和太原市的 Cl^- 和 Ca^{2+} 占比高于其他城市，表明燃煤和扬尘源对包头市和太原市有较大影响。

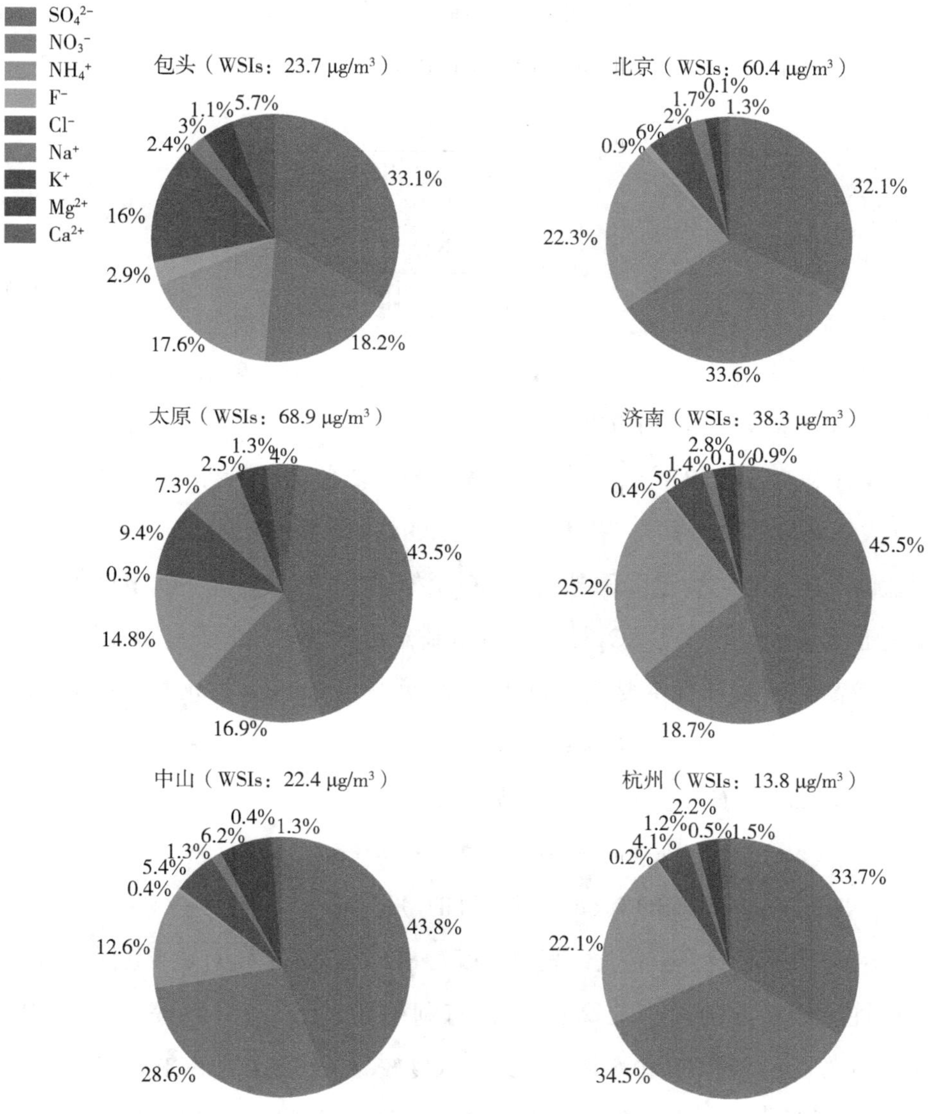

图 5-11　PM$_{2.5}$ 中 WSIs 与其他城市的比较

5.1.4　硫氧化率和氮氧化率

硫氧化率（sulfur oxidation ratio，SOR）和氮氧化率（nitrogen oxidation

ratio，NOR）能清楚地阐明二次转化过程[108]，转化率越高，表明越多的 SO_2 和 NO_2 转化为 SO_4^{2-} 和 NO_3^-。SOR 和 NOR 可以通过以下公式来计算[108,136–138]：

$$SOR=\frac{[SO_4^{2-}]}{[SO_4^{2-}]+[SO_2]} \tag{5-4}$$

$$NOR=\frac{[NO_3^-]}{[NO_3^-]+[NO_2]} \tag{5-5}$$

式中，[SO_4^{2-}]、[NO_3^-]、[SO_2] 和 [NO_2] 分别为硫酸根、硝酸根、二氧化硫和二氧化氮的摩尔浓度（μmol/m³）。

4 月和 9 月 SOR 较高，表明大量的 SO_2 转化为 SO_4^{2-}，这可能与 4 月、9 月大气氧化能力强有关[128,139,140]；而 NOR 较低（0.05 ± 0.03），这可能与硝酸盐的高挥发性、大量降雨导致的 NO_3^- 浓度较低有关[33]。SO_2 转化为 SO_4^{2-} 主要通过两个过程：① SO_2 被氢氧自由基光化学氧化，由于夏季氢氧自由基浓度较高，所以夏季主要以此过程为主[108,141]；② SO_2 被水相中的 H_2O_2 和 O_3 氧化［方程（5-6）~方程（5-8）］[142,143]。

$$SO_2\,(aq) + H_2O_2\,(aq) \longrightarrow SO_4^{2-} + 2H^+ \tag{5-6}$$

$$SO_2\,(aq) + O_3\,(aq) \longrightarrow SO_4^{2-} + 2H^+ + O_2\,(aq) \tag{5-7}$$

$$2NH_3\,(gas) + H_2SO_4\,(aq) \rightleftharpoons (NH_4)_2SO_4 \tag{5-8}$$

SOR 和温度显著正相关，表明温度对 SO_2 的气相氧化有重要影响。此外，可溶性碱性矿物质可以提高 pH 值，有利于 O_3、H_2O_2 和 NO_2 氧化水相中的 S（IV）[10]。4 月颗粒物中水溶碱性组分浓度较高，导致 4 月 SOR 也较高。4 月和 9 月的气温和 O_3 浓度高于 1 月和 11 月，且高温和高 O_3 浓度可提高 SO_2 的氧化速率（图 5-12）[144,145]，因此 4 月和 9 月的 SOR 高于 1 月和 11 月。因此，温度、湿度和 pH 值是影响 SOR 的主要因素。

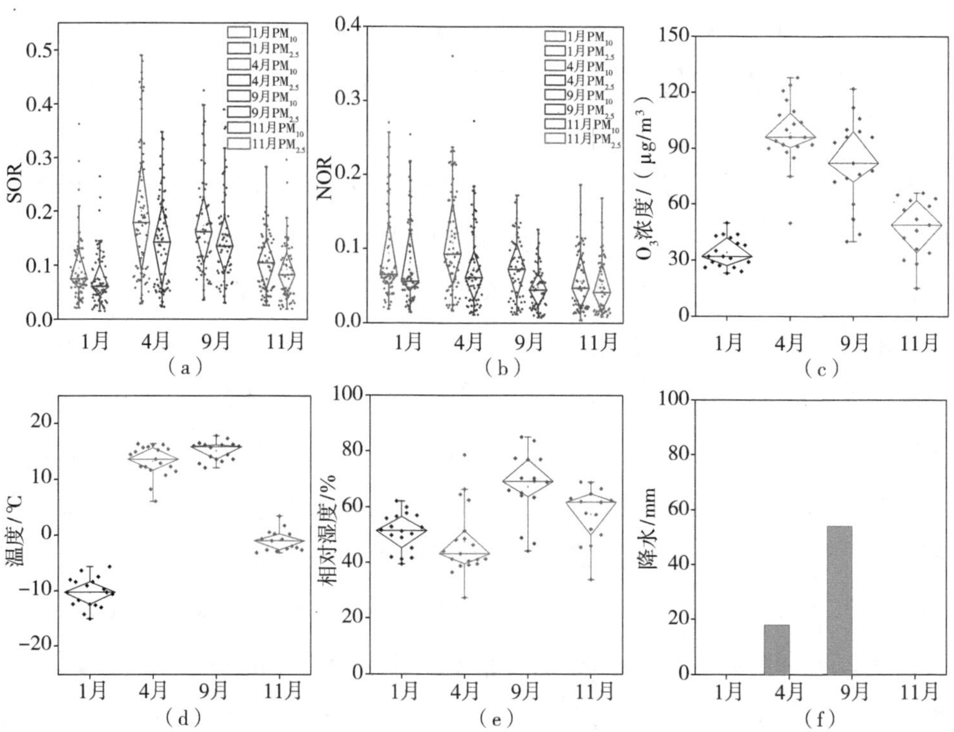

图 5-12　SOR 和 NOR 季节变化

5.2　有机碳和元素碳的污染特征和来源

5.2.1　时间变化特征

颗粒物中有机物与元素碳之和称为总碳气溶胶（total carbonaceous aerosol，TCA），可采用 TCA=1.6OC+EC 公式计算[83,146,147]。1 月、4 月、9 月和 11 月 PM_{10} 中 TCA 分别占 PM_{10} 质量浓度的 29.2%、14.4%、22.5% 和 34.3%，$PM_{2.5}$ 中 TCA 分别占 $PM_{2.5}$ 质量浓度的 35.7%、19.9%、40.3% 和 61.1%。TCA 在 $PM_{2.5}$ 中的占比高于在 PM_{10} 中，表明碳组分更容易富集在细颗粒物上。1 月、

4 月、9 月和 11 月 PM_{10} 中 OC 分别占总碳（total carbon，TC）浓度的 81.1%、70.6%、62.3% 和 68.9%，$PM_{2.5}$ 中 OC 分别占 TC 的 80.3%、68.4%、58.0% 和 68.9%。OC 和 EC 的浓度有明显的季节变化（见图 5–13），1 月和 11 月高于 4 月和 9 月。1 月、4 月、9 月和 11 月 PM_{10} 中 OC 浓度分别为（38.5 ± 21.2）$\mu g/m^3$、（12.1 ± 4.49）$\mu g/m^3$、（11.5 ± 5.75）$\mu g/m^3$ 和（24.4 ± 13.0）（见 表 5–5），1 月 OC 的浓度分别为 4 月、9 月和 11 月 OC 浓度的 3.2 倍、3.3 倍和 1.6 倍。1 月、4 月、9 月和 11 月 $PM_{2.5}$ 中 OC 浓度分别为（29.4 ± 17.6）$\mu g/m^3$、（7.56 ± 2.83）$\mu g/m^3$、（6.92 ± 2.85）$\mu g/m^3$ 和（18.6 ± 10.2）$\mu g/m^3$（见表 5–5），1 月 OC 的浓度为 4 月、9 月和 11 月 OC 的浓度的 3.9 倍、4.2 倍和 1.6 倍。2014 年，包头市降水主要集中在 7—9 月，占全年降水量的 68.1%[62]，9 月 OC 和 EC 最低可能与降雨有关，而 1 月和 11 月大量燃煤和不利气象条件导致高浓度的 OC 和 EC（见图 5–14）。1 月、4 月、9 月和 11 月 PM_{10} 中 EC 浓度分别为（8.63 ± 2.88）$\mu g/m^3$、（5.04 ± 2.14）$\mu g/m^3$、（7.02 ± 3.09）$\mu g/m^3$ 和（10.7 ± 5.49）$\mu g/m^3$，$PM_{2.5}$ 中 EC 浓度分别为（6.83 ± 2.31）$\mu g/m^3$、（3.51 ± 1.18）$\mu g/m^3$、（5.13 ± 2.43）$\mu g/m^3$ 和（7.94 ± 3.74）$\mu g/m^3$。1 月和 11 月 OC 和 EC 浓度明显高于 4 月和 9 月，且采暖期 OC 和 EC 浓度明显高于非采暖期（见图 5–15），表明燃煤取暖对 OC 和 EC 有较大贡献。采暖期碳气溶胶主要以 EC_1、OC_2、OC_3 和 OC_4 为主要成分，分别占 PM_{10} 中总碳气溶胶的 34.4%、13.0%、19.8% 和 18.1%，分别占 $PM_{2.5}$ 中总碳气溶胶的 28.4%、14.7%、20.2% 和 19.9%。

雾霾天 PM_{10} 和 $PM_{2.5}$ 中 OC、EC 浓度和 OC/EC 值远高于正常天，表明雾霾天对 OC 和 EC 浓度有抬升作用，且对 OC 的抬升作用更为明显。沙尘天 PM_{10} 中 OC、EC 浓度和 OC/EC 值稍高于正常天，表明沙尘天对 OC 和 EC 浓度有抬升作用，而 $PM_{2.5}$ 中 OC、EC 浓度和 OC/EC 值与正常天无显著差异（见表 5–6）。

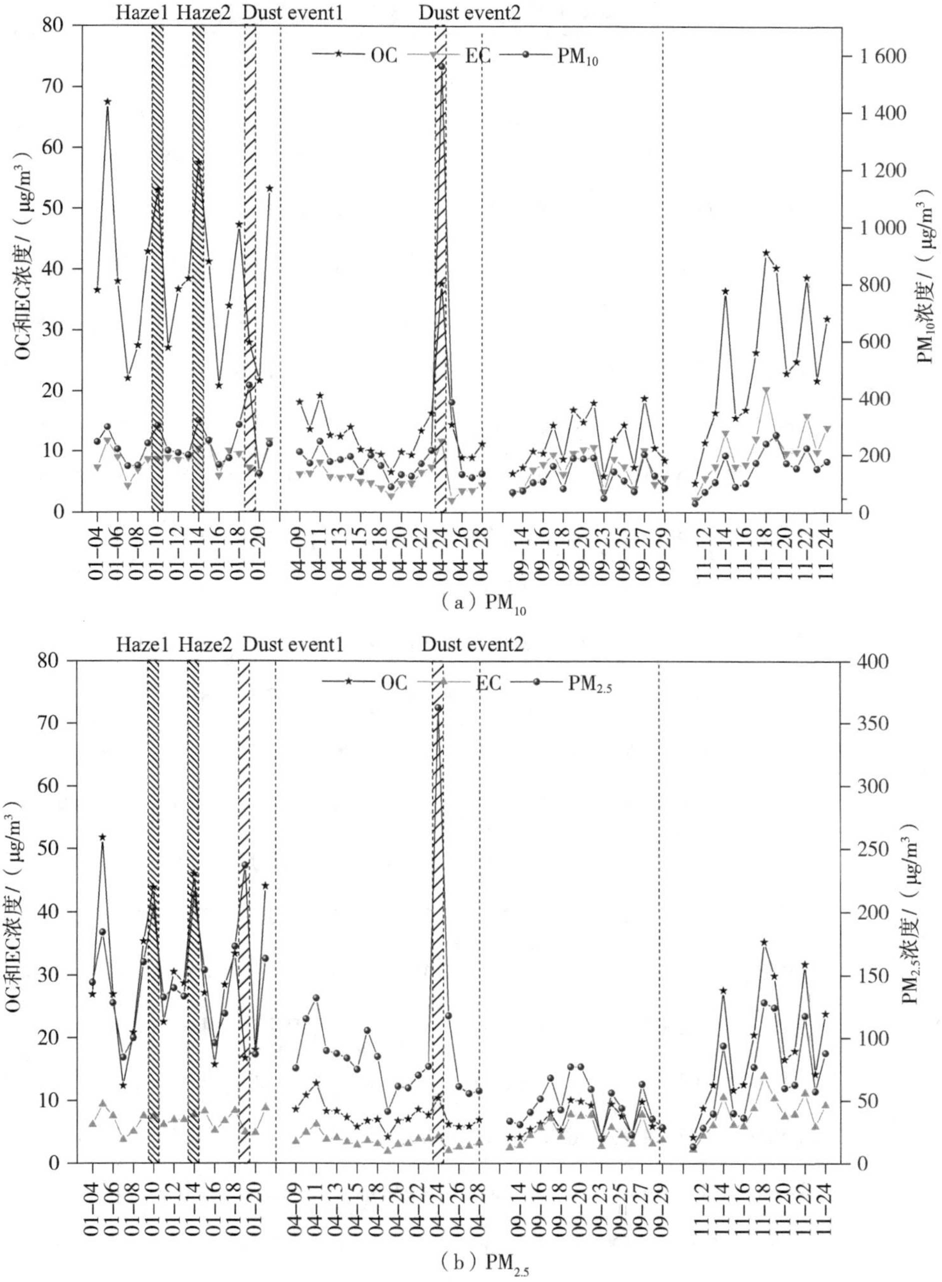

图 5-13 PM10 和 PM2.5 中 OC 和 EC 浓度的日变化

表 5-5 颗粒物中 OC、EC 浓度和 OC/EC 值

时间	点位	PM_{10}			$PM_{2.5}$		
		OC/（μg/m^3）	EC/（μg/m^3）	OC/EC	OC/（μg/m^3）	EC/（μg/m^3）	OC/EC
1 月（n=216）	DHE	71.2 ± 15.8	11.8 ± 2.66	6.2 ± 1.2	54.8 ± 17.2	9.76 ± 1.14	5.6 ± 1.4
	EPB	27.6 ± 11.9	7.90 ± 3.39	3.6 ± 0.9	18.6 ± 7.02	6.25 ± 2.89	3.2 ± 0.7
	EMB	26.3 ± 13.0	7.23 ± 2.60	3.7 ± 1.3	20.9 ± 10.2	5.71 ± 2.04	3.7 ± 1.3
	QSH	36.8 ± 19.9	7.76 ± 2.39	4.6 ± 1.6	29.1 ± 16.6	6.63 ± 1.88	4.2 ± 1.4
	BGH	37.2 ± 15.5	8.40 ± 1.50	4.3 ± 1.3	29.7 ± 14.8	6.58 ± 1.58	4.4 ± 1.5
	STU	32.0 ± 13.2	8.69 ± 2.19	3.7 ± 1.3	23.3 ± 9.57	6.02 ± 1.46	3.8 ± 1.2
	市平均	38.5 ± 21.2	8.63 ± 2.88	4.4 ± 1.5	29.4 ± 17.6	6.83 ± 2.31	4.1 ± 1.5
4 月（n=216）	DHE	17.1 ± 3.53	7.51 ± 2.42	2.5 ± 1.1	11.1 ± 2.57	4.37 ± 0.99	2.5 ± 0.4
	EPB	11.7 ± 5.26	5.35 ± 1.75	2.3 ± 0.9	6.42 ± 2.78	3.64 ± 1.30	1.8 ± 0.3
	EMB	10.4 ± 3.89	4.25 ± 1.66	2.5 ± 0.5	6.45 ± 2.14	3.18 ± 1.11	2.1 ± 0.3
	QSH	10.9 ± 3.85	4.55 ± 1.78	2.6 ± 1.0	6.58 ± 2.23	3.59 ± 1.27	1.8 ± 0.3
	BGH	11.4 ± 3.57	4.02 ± 1.37	2.6 ± 0.4	7.09 ± 2.18	3.08 ± 1.03	2.4 ± 0.4
	STU	11.1 ± 3.41	4.54 ± 1.83	2.4 ± 0.4	7.73 ± 2.14	3.20 ± 1.02	2.5 ± 0.5
	市平均	12.1 ± 4.49	5.04 ± 2.14	2.5 ± 0.8	7.56 ± 2.83	3.51 ± 1.18	2.2 ± 0.5
9 月（n=192）	DHE	19.2 ± 6.77	10.2 ± 3.59	2.0 ± 0.6	9.41 ± 3.77	8.02 ± 2.94	1.2 ± 0.4
	EPB	9.12 ± 3.35	6.65 ± 2.52	1.4 ± 0.3	5.76 ± 2.07	4.65 ± 1.66	1.3 ± 0.2
	EMB	10.5 ± 5.17	6.01 ± 2.41	1.8 ± 0.6	6.74 ± 2.82	4.84 ± 2.11	1.4 ± 0.3
	QSH	11.7 ± 4.40	6.58 ± 2.17	1.8 ± 0.3	5.83 ± 2.12	4.75 ± 2.12	1.3 ± 0.2
	BGH	10.4 ± 4.21	6.09 ± 2.64	1.8 ± 0.4	7.21 ± 2.51	4.10 ± 1.67	1.8 ± 0.3
	STU	8.54 ± 3.52	6.73 ± 3.32	1.4 ± 0.3	6.74 ± 2.34	4.58 ± 2.00	1.5 ± 0.2
	市平均	11.5 ± 5.75	7.02 ± 3.09	1.7 ± 0.5	6.92 ± 2.85	5.13 ± 2.43	1.4 ± 0.4

续表

时间	点位	PM_{10} OC/（μg/m³）	PM_{10} EC/（μg/m³）	PM_{10} OC/EC	$PM_{2.5}$ OC/（μg/m³）	$PM_{2.5}$ EC/（μg/m³）	$PM_{2.5}$ OC/EC
11 月（n=180）	DHE	32.6 ± 10.8	15.1 ± 5.91	2.3 ± 0.7	22.8 ± 8.19	10.8 ± 4.03	2.2 ± 0.5
	EPB	23.2 ± 12.7	10.3 ± 4.40	2.2 ± 0.6	17.5 ± 10.3	8.25 ± 3.56	2.0 ± 0.5
	EMB	23. 6 ± 13.7	12.4 ± 7.30	1.9 ± 0.3	17.3 ± 11.6	6.83 ± 3.64	2.5 ± 0.7
	QSH	23.2 ± 16.2	8.08 ± 4.25	2.7 ± 1.0	16.2 ± 11.5	7.38 ± 4.64	2.1 ± 0.6
	BGH	24.1 ± 12.2	9.95 ± 4.07	2.4 ± 0.7	20.8 ± 11.2	8.03 ± 2.79	2.5 ± 0.7
	STU	20.1 ± 9.97	8.27 ± 3.32	2.6 ± 1.0	17.1 ± 7.67	6.41 ± 2.14	2.6 ± 0.7
	市平均	24.4 ± 13.0	10.7 ± 5.49	2.4 ± 0.8	18.6 ± 10.2	7.94 ± 3.74	2.3 ± 0.6

表 5-6　正常天、雾霾天和沙尘天 OC、EC 浓度（μg/m³）和 OC/EC 值

污染类型	PM_{10} OC/（μg/m³）	PM_{10} EC/（μg/m³）	PM_{10} OC/EC	$PM_{2.5}$ OC/（μg/m³）	$PM_{2.5}$ EC/（μg/m³）	$PM_{2.5}$ OC/EC
正常天	20.4 ± 16.1	7.62 ± 4.16	2.74 ± 1.87	14.8 ± 13.2	5.73 ± 3.04	2.44 ± 1.20
雾霾天	53.6 ± 16.6	9.10 ± 2.31	5.90 ± 0.98	45.0 ± 13.8	7.70 ± 1.64	5.90 ± 1.24
沙尘天	31.9 ± 13.5	9.10 ± 4.47	3.80 ± 1.02	13.6 ± 7.40	4.70 ± 2.09	2.90 ± 0.80

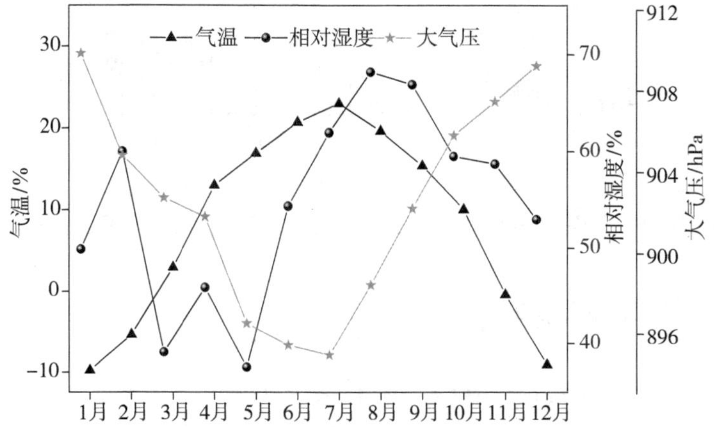

图 5-14　气象条件月变化

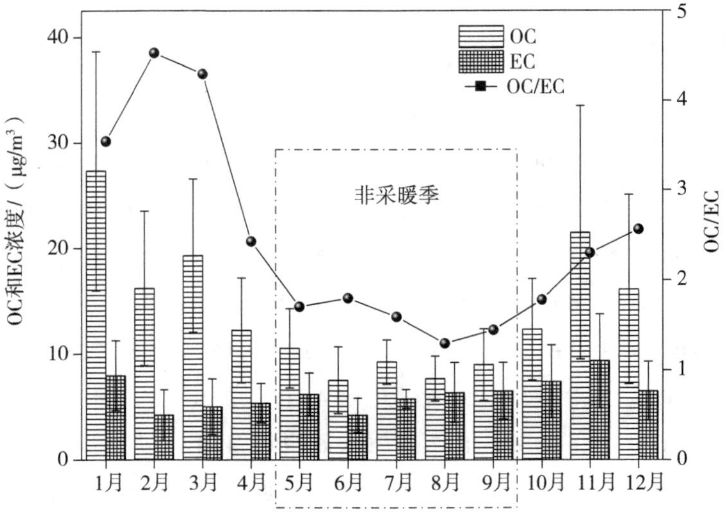

（a）PM_{10}

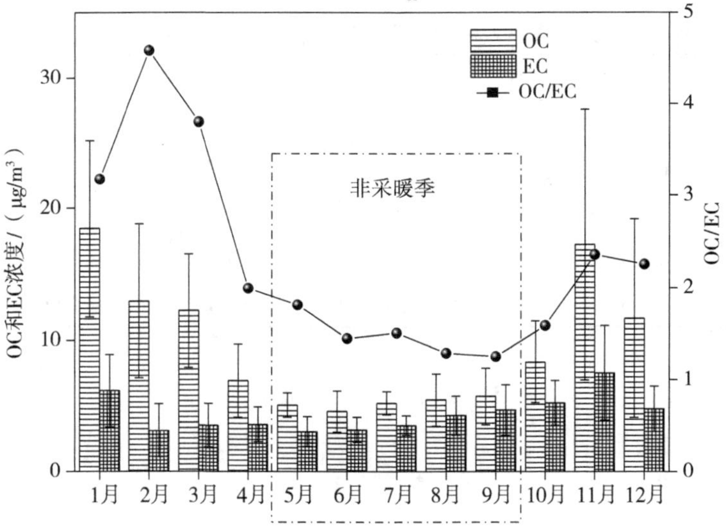

（b）$PM_{2.5}$

图 5-15　EPB 点位 PM_{10} 和 $PM_{2.5}$ 中 OC、EC 浓度和 OC/EC 值的月变化

5.2.2　空间变化特征

DHE 点位 PM_{10} 和 $PM_{2.5}$ 中 OC 和 EC 浓度明显高于其他点位（见图 5-16），这与北梁拆迁改造所引起的颗粒物浓度较高有关。BGH 点位西面有大量污染

源企业，并在主导风向为西或西南的 1 月和 11 月导致颗粒物和碳组分浓度较高。

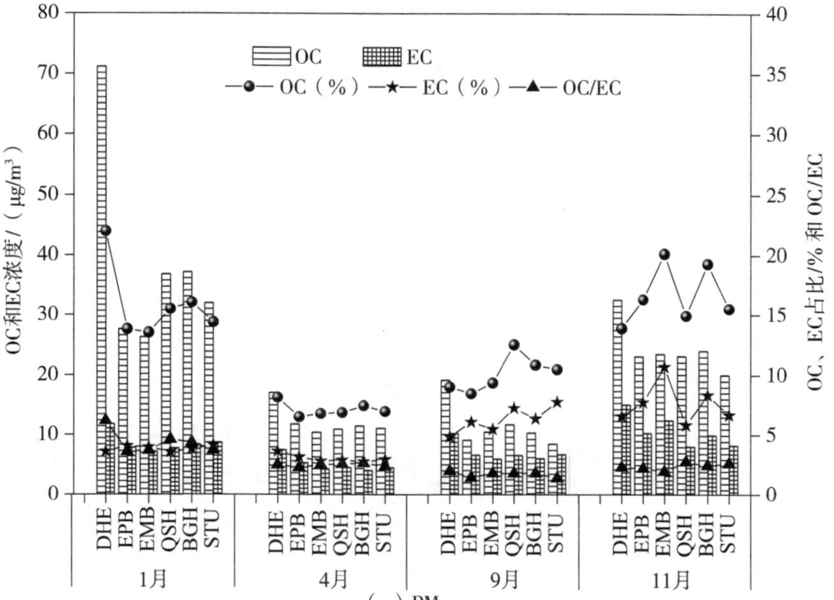

（a）PM_{10}

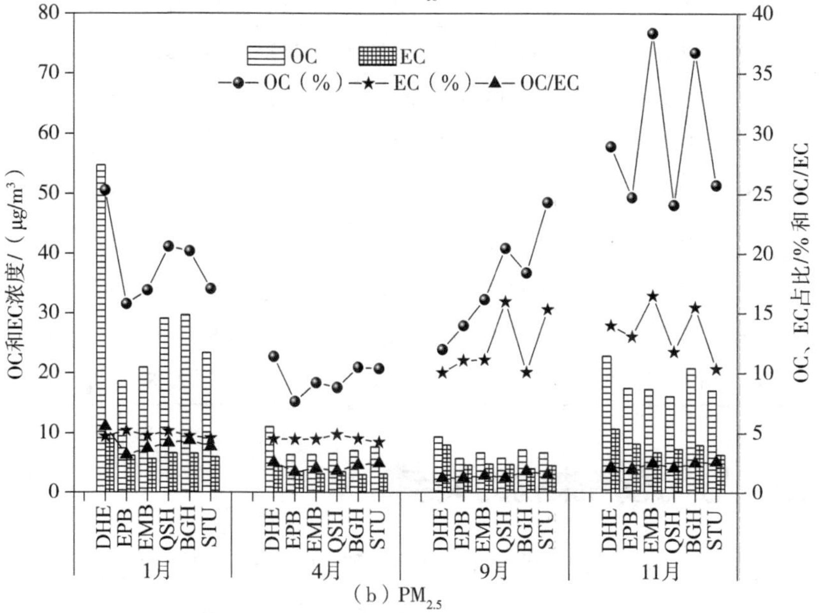

（b）$PM_{2.5}$

图 5-16　PM_{10} 和 $PM_{2.5}$ 中 OC、EC（Mean ± SD）浓度和 OC/EC

包头市 PM_{10} 中 OC 和 EC 与广州（夏季）接近，高于香港（夏季）、高雄和南京，明显低于圣地亚哥（见表 5-7）。$PM_{2.5}$ 中 OC 和 EC 浓度与广州（夏季）、南京、首尔接近，高于香港（夏季），明显低于北京、天津和阿格拉。包头是一个重工业城市，有 6 个月的取暖期（10 月 15 日—翌年 4 月 15 日），因此 OC 和 EC 高于表 5-7 中多数城市，而低于我国北方的复合型污染的一线城市。

表 5-7　不同城市 OC、EC 浓度和 OC/EC

颗粒物	城市	时间	n	浓度 /（μg/m³）			OC/EC	文献
				PM	OC	EC		
PM_{10}	包头	1，4，9，11/2014	402	176	21.8	7.7	2.8	本研究
	广州	6，7/2002	20	125	22.2	7.8	2.9	[85]
	香港	6，7/2002	22	41.4	6.3	3.9	1.6	[85]
	南京	11/2011—3，6，12/2013	—	123	13.2	5.0	2.6	[148]
	高雄	11/1998—4/1999	102	110	14.5	6.1	2.4	[149]
	圣地亚哥（智利）	6/1991—7/1991	9	250	52.4	30.6	1.7	[150]
$PM_{2.5}$	包头	1，4，9，11/2014	402	89.6	15.8	5.8	2.7	本研究
	北京	7/1999—6/2000	48	—	23.9	8.8	2.7	[151]
	天津	1，4，7/ 2007	93	—	22.7	5.1	4.5	[152]
	广州	6，7/2002	20	78.1	15.8	5.9	2.7	[85]
	香港	6，7/2002	22	31.0	5.3	3.2	1.7	[85]
	南京	11/2011—3，6/2013	—	118	13.8	5.3	2.6	[148]
	首尔（韩国）	11，27/1999—12/09/1999	—	47.8	15.2	4.9	3.1	[43]
	阿格拉（印度）	5/2010—4/2011	52	79.7	22.8	3.4	6.7	[153]

5.2.3　与气态污染物的关系

1 月、4 月、9 月和 11 月 PM_{10} 中 OC 和 EC 的相关系数分别为 0.63、0.51、0.83 和 0.78，$PM_{2.5}$ 中 OC 和 EC 的相关系数分别为 0.75、0.90、0.86 和 0.92

（见图 5-17）。4 月 PM_{10} 中 OC 和 EC 的相关系数（R^2=0.51）明显低于 1 月、9 月和 11 月（$0.63 < R^2 < 0.83$），表明 4 月 OC 和 EC 的来源相对于 1 月、9 月和 11 月有所变化，这可能与 4 月风沙较大有关。

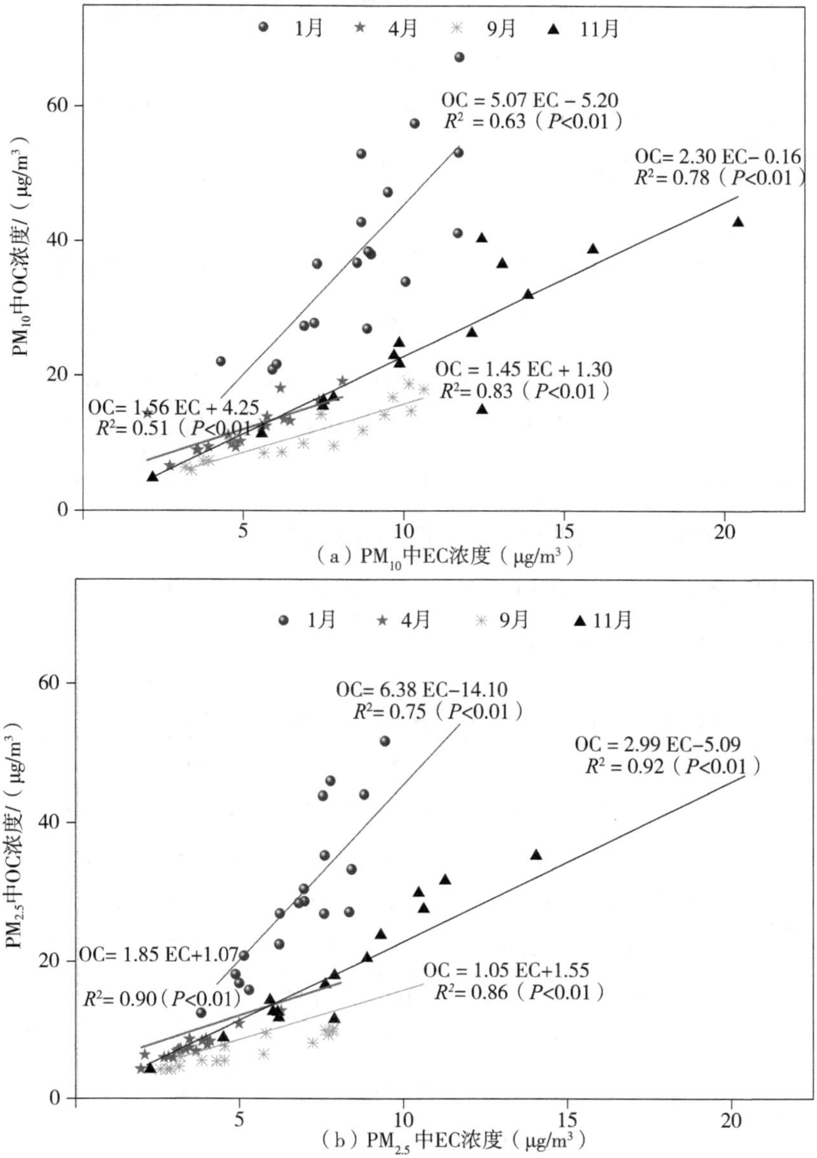

图 5-17 PM_{10} 和 $PM_{2.5}$ 中 OC 和 EC 散点图

1 月、4 月、9 月和 11 月 PM_{10} 中 OC/EC 分别为 4.36 ± 0.87、2.53 ± 0.80、1.68 ± 0.28 和 2.37 ± 0.47，$PM_{2.5}$ 中 OC/EC 分别为 4.14 ± 0.87、2.18 ± 0.25、1.44 ± 0.21 和 2.31 ± 0.43。1 月和 11 月 OC/EC 的值高于 4 月和 9 月，表明冬季二次有机碳（SOC）较高，而夏季 OC 主要为一次排放。1 月 OC/EC 的值的抬升可能有以下几个原因：①冬季燃煤取暖 OC 的排放量远大于 EC，排放的大量挥发性有机前体物有二次转化[152,154]；②冬季的低温使得半挥发性有机物吸附和冷凝于颗粒表面[155]；③冬季低的混合层高度有利于 SOC 形成[156,157]。

PM_{10} 和 $PM_{2.5}$ 中 OC 和 EC 均与风速显著负相关，与相对湿度显著正相关（见表 5-8 和图 5-18），表明高风速和低相对湿度有利于 OC 和 EC 的消除。PM_{10} 和 $PM_{2.5}$ 中 OC 和 EC 均与 SO_2、NO_2 和 CO 显著正相关。碳气溶胶与气态污染物之间的聚类分析结果表明，OC 与 SO_2 和 CO 同源，而 EC 与 NO_2 同源（见图 5-19）。SO_2 和 CO 主要来源于燃煤[158]，而 NO_2 主要来源于机动车尾气和电厂排放[159,160]。因此，燃煤是 OC 的主要源，而机动车尾气和燃煤对 EC 均有较大影响。4 月 EC 和 OC 与其他因子相关性较低，只有 $PM_{2.5}$ 中 EC 与 NO_2 显著相关，这与 4 月风沙较大有关。

表 5-8　碳气溶胶与气态污染物、气象条件的 Pearson 相关性

时间	PM	组分	T	RH	WS	SO_2	NO_2	O_3	CO
1 月	PM_{10}	OC	−0.352	0.694**	−0.437	0.847**	0.850**	−0.799**	0.855**
		EC	−0.302	0.600**	−0.382	0.677**	0.729**	−0.721**	0.567*
	$PM_{2.5}$	OC	−0.461	0.647**	−0.546*	0.865**	0.882**	−0.812**	0.843**
		EC	−0.375	0.738**	−0.530*	0.839**	0.848**	−0.847**	0.719**
4 月	PM_{10}	OC	0.320	−0.059	0.199	0.372	0.733**	−0.502*	0.508*
		EC	0.659**	−0.211	−0.234	0.533*	0.872**	−0.301	0.637**
	$PM_{2.5}$	OC	0.388	0.033	−0.143	0.499*	0.846**	−0.450	0.708**
		EC	0.486*	0.081	−0.248	0.624**	0.908**	−0.419	0.797**

续表

时间	PM	组分	T	RH	WS	SO_2	NO_2	O_3	CO
9 月	PM_{10}	OC	0.022	0.064	−0.271	0.887**	0.874**	−0.019	0.778**
		EC	−0.077	0.096	−0.235	0.868**	0.972**	−0.173	0.773**
	$PM_{2.5}$	OC	−0.057	0.166	−0.297	0.857**	0.932**	−0.100	0.847**
		EC	0.027	0.152	−0.269	0.814**	0.962**	−0.186	0.801**
11 月	PM_{10}	OC	−0.490	0.484	−0.712**	0.910**	0.906**	−0.647**	0.849**
		EC	−0.537*	0.595*	−0.525*	0.932**	0.908**	−0.814**	0.774**
	$PM_{2.5}$	OC	−0.511	0.497	−0.672**	0.917**	0.891**	−0.660**	0.831**
		EC	−0.546*	0.600*	−0.598*	0.922**	0.924**	−0.785**	0.784**

注：** 在 0.01 水平（双侧）显著相关，* 在 0.05 水平（双侧）显著相关。

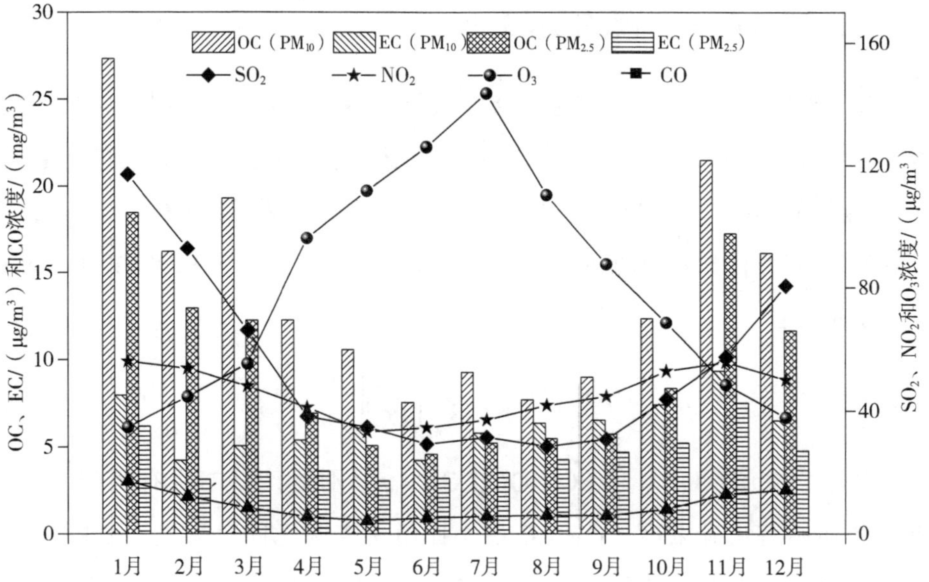

图 5-18　EPB 点位 PM_{10} 和 $PM_{2.5}$ 中 OC、EC 与气态污染物的变化

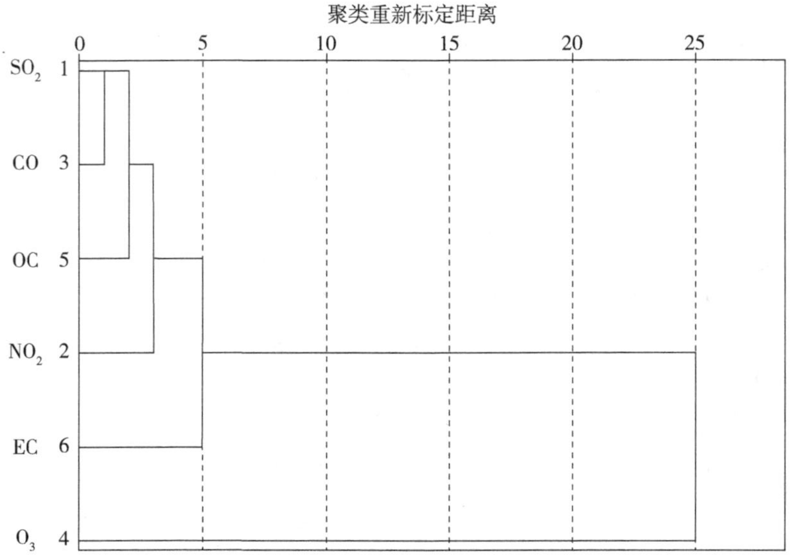

图 5-19　EPB 点位 OC、EC 和气态污染物的聚类分析

5.2.4　二次有机碳的贡献

OC 既有一次排放也有二次形成，而 EC 主要由化石燃料和生物质燃烧等一次源排放，不参与化学反应，因此 EC 经常被用作人为一次源的指示物，并可用于 SOC 的估算[161,162]。根据颗粒物和各污染源类的 OC/EC 值可判断颗粒物中是否有 SOC 的形成。根据 EC 示踪法[146, 163]，SOC 浓度可通过式（5-9）估算：

$$SOC=OC_{tot}-EC\left(\frac{OC}{EC}\right)_{min} \quad (5\text{-}9)$$

其中，SOC、OC_{tot} 和 EC（OC/EC）$_{min}$ 分别是[164]二次有机碳、总有机碳和初始有机碳浓度。OC/EC 最小比值法未考虑同时排放 OC 和 EC 的生物源等非燃烧源排放的 OC[165]，有一定的局限性，而最小二乘回归分析式（5-10）可解决此局限性[146]。

$$SOC=OC_{tot}-POC=OC_{tot}-(aEC+b) \tag{5-10}$$

公式中 a 是初始的燃烧比值[165,166]，b 是 OC 初始背景值[155,167]。a 和 b 值可使用 OC/EC 值最小的 5%～20% 的样品的最小二乘回归分析计算得出[167]。本研究中，a 和 b 值是使用 OC/EC 值最小的 10% 的样品计算而得。1 月、4 月、9 月和 11 月，PM$_{10}$ 中 SOC 平均值分别为 19.6 μg/m^3、3.8 μg/m^3、3.6 μg/m^3 和 10.9 μg/m^3，分别占 OC 浓度的 50.8%、32.5%、31.8% 和 44.8%，而 PM$_{2.5}$ 中的 SOC 平均值为 12.7 μg/m^3、2.4 μg/m^3、1.7 μg/m^3 和 6.9 μg/m^3，分别占 OC 浓度的 43.2%、33.2%、24.4% 和 37.1%。采暖期 SOC 和 OC$_{tot}$ 呈现明显的抬升，这与冬季燃煤取暖排放的大量挥发性有机物和大气环境条件有关[156,157,167-169]，表明燃煤可能是包头市有机气溶胶的主要来源。

PM$_{10}$ 和 PM$_{2.5}$ 中 SOC 分别占 OC 的 40% 和 34%，明显低于广州、成都、南宁、郑州、西安等城市（48%～62%）[170]，表明包头市 OC 主要以一次源排放为主。成都、重庆、内江等川渝地区[154]、伯明翰、波尔图等欧洲城市[164]和加利福尼亚州[171]等地区 SOC 夏季最高。本研究中包头市 SOC 冬季最高，与天津[152]和北京[162]结果一致。冬季 SOC 高的城市都是北方城市，这可能与冬季燃煤取暖有关。

5.3 金属元素的污染特征和来源

5.3.1 时间变化特征

包头市 PM$_{10}$ 和 PM$_{2.5}$ 中金属元素平均质量浓度依次为 Si＞Fe＞Al＞Mn＞Zn＞Pb＞Ti＞Cu＞Cr＞Ni＞V＞As＞Co＞Cd＞Hg（见图 5-20）和 Si＞Fe＞Al＞Pb＞Mn＞Zn＞Ti＞Cu＞Ni＞Cr＞As＞Co＞V＞Cd＞Hg（见图 5-21）。测定的

15 种金属元素中 Si、Al、Fe 为常量元素，三种常量元素合计占 PM_{10} 和 $PM_{2.5}$ 质量的 11.0% ± 4.35% 和 7.26% ± 3.78%。其余 Pb、Mn、Zn、Ti、Cu、Ni、Cr、As、Co、V、Cd 和 Hg 等 12 种金属元素为微量元素，合计占 PM_{10} 和 $PM_{2.5}$ 质量的（0.30 ± 0.16）% 和（0.37 ± 0.23）%。Si、Al、Fe 等元素在 PM_{10} 中百分比高于 $PM_{2.5}$，说明这些地壳元素主要存在于粗颗粒物上。沙尘天 Si、Al、Fe、Ti 和 Cu 等元素浓度远高于雾霾天和正常天（见表 5-9），表明沙尘天对 PM_{10} 和 $PM_{2.5}$ 中这些地壳元素有较大影响。而雾霾天 Pb、Zn、Mn、Cd 等元素浓度远高于正常天和沙尘天，表明雾霾天移动源和工业源排放对这些元素有较大贡献。

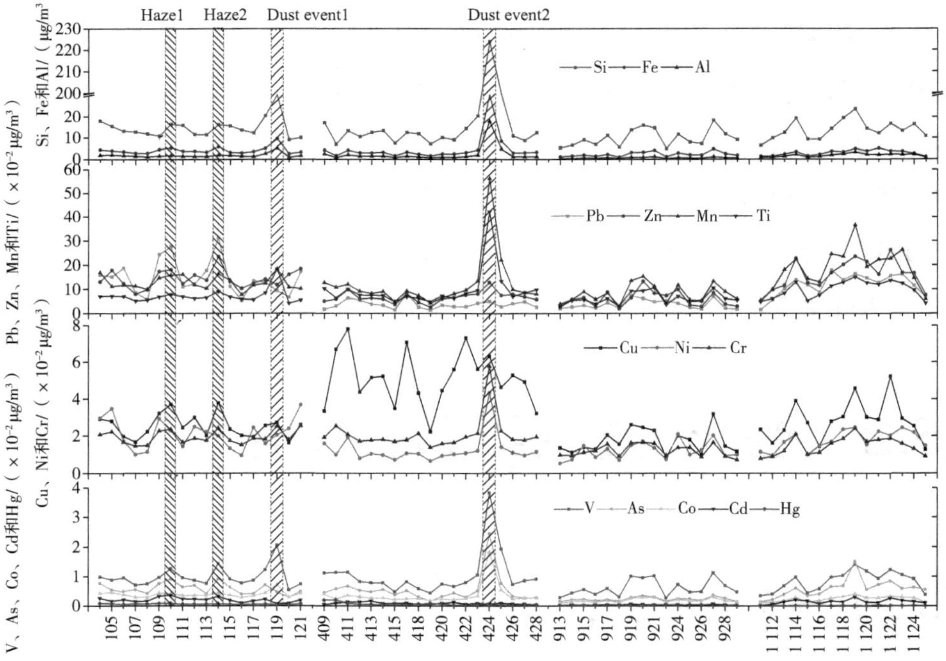

图 5-20　PM_{10} 中金属元素日变化规律

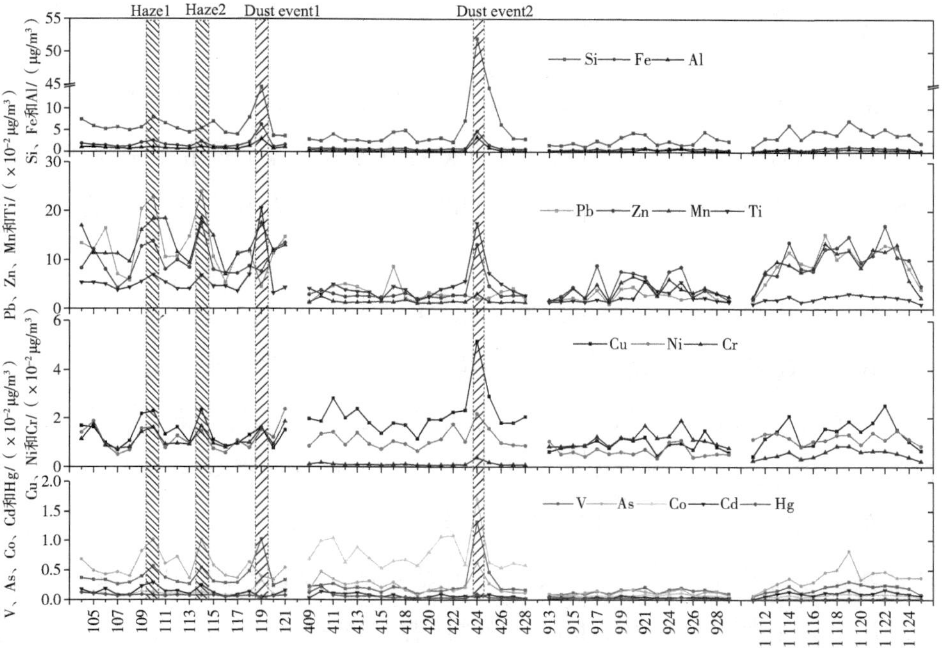

图 5-21 PM$_{2.5}$中金属元素日变化规律

表 5-9 正常天、雾霾天和沙尘天颗粒物中金属元素含量

颗粒物	污染类型	常量元素 /（μg/m³）			微量元素 ×10^{-2}/（μg/m³）											
		Si	Fe	Al	Pb	Zn	Mn	Ti	Cu	Ni	Cr	V	As	Co	Cd	Hg
PM$_{10}$	正常天	12.6	2.97	1.36	7.79	10.2	12.0	7.63	3.07	1.52	1.61	0.80	0.44	0.26	0.11	0.04
	雾霾天	16.2	5.50	1.77	29.3	20.8	16.1	8.42	3.74	2.13	2.38	1.35	0.92	0.42	0.34	0.07
	沙尘天	143	20.8	11.5	7.15	12.3	37.4	30.3	4.52	3.19	4.15	2.95	1.46	1.28	0.07	0.04
PM$_{2.5}$	正常天	4.04	0.92	0.51	6.54	6.38	6.38	3.35	1.40	0.99	0.68	0.21	0.30	0.27	0.08	0.05
	雾霾天	6.68	2.51	1.14	23.3	15.7	18.4	6.90	2.32	1.53	1.62	0.55	1.01	0.13	0.27	0.08
	沙尘天	33.5	5.54	3.19	3.27	10.4	10.3	19.1	3.38	1.84	0.98	1.17	0.50	1.01	0.04	0.07

5.3.2 富集因子

富集因子（enrichment factor，EF）是反映人类活动对自然环境扰动程度的重要指标，通过样品中某元素的实测值与该元素背景值对比来计算该元素的富集程度［式（5-11）］，以判断人为源对样品中元素含量的贡献水平[172,173]。

$$EF_i = (C_i / C_r)_{颗粒物} / (C_i / C_r)_{土壤背景} \quad (5\text{-}11)$$

式中，C_i 和 C_r 是元素 i 和 r 在颗粒物样品和土壤背景中的含量[94]。r 为参比元素，一般选 Al、Fe、Si、Ti 等地壳中含量稳定的元素[173,174]，结合包头市钢铁冶炼、大型燃煤电厂集中等问题，本书选择受人为污染源影响较小的 Ti 作为参比元素，以内蒙古土壤背景值（A 层）含量[94]为背景计算富集因子。当 $EF \leqslant 1$ 时，认为某元素主要来自自然源；当 $1 < EF \leqslant 10$ 时，认为某元素既有自然源也有人为排放源；当 $EF > 10$ 时，认为某元素主要来自人为源[175,176]。包头市 PM_{10} 中 Pb、Cd 和 Hg 的平均富集因子分别为 2.16 ± 1.84、9.81 ± 8.68 和 4.96 ± 6.04，表明这些元素既有自然源也有人为源排放（见表 5-10 和图 5-22）。Pb、Cd 和 Hg 在 $PM_{2.5}$ 中的平均富集因子分别为 4.38 ± 3.90、18.3 ± 15.7 和 12.2 ± 14.6，Cd 和 Hg 主要来自人为源排放，Pb 既有自然源也有人为源排放。Pb、Cd 和 Hg 在 $PM_{2.5}$ 中的平均富集因子明显高于其在 PM_{10} 中的平均富集因子，表明这些元素更易富集在细颗粒物上。1 月和 11 月 Pb、Cd 和 Hg 的平均富集因子明显高于 4 月和 9 月，这可能与冬季燃煤取暖和不利气象条件导致的颗粒物浓度较高有关。Mn、Ni、Cr、V、As、Co 等元素富集因子 $\leqslant 1$，表明这些元素主要来自自然源，在颗粒物中无富集现象。

表 5-10 颗粒物中金属元素富集因子

颗粒物种类	采样时间	Pb	Zn	Mn	Cu	Ni	Cr	V	As	Co	Cd	Hg
PM_{10}	1 月	4.04 ± 2.10	1.20 ± 0.62	0.12 ± 0.05	0.84 ± 0.32	0.52 ± 0.35	0.23 ± 0.08	0.09 ± 0.05	0.37 ± 0.16	0.17 ± 0.04	18.3 ± 10.0	7.31 ± 4.88
	4 月	0.88 ± 0.64	0.44 ± 0.17	0.07 ± 0.03	1.55 ± 0.84	0.23 ± 0.07	0.20 ± 0.06	0.07 ± 0.03	0.24 ± 0.13	0.11 ± 0.02	6.84 ± 5.62	6.99 ± 7.79
	9 月	1.23 ± 0.91	0.49 ± 0.34	0.08 ± 0.03	0.70 ± 0.44	0.32 ± 0.14	0.18 ± 0.10	0.06 ± 0.02	0.16 ± 0.08	0.09 ± 0.03	3.80 ± 2.98	3.75 ± 5.37
	11 月	2.43 ± 1.20	0.95 ± 0.43	0.12 ± 0.05	0.71 ± 0.59	0.32 ± 0.13	0.12 ± 0.03	0.05 ± 0.01	0.27 ± 0.14	0.07 ± 0.01	9.66 ± 6.03	1.00 ± 1.65
	全年	2.16 ± 1.84	0.77 ± 0.53	0.10 ± 0.05	0.97 ± 0.69	0.35 ± 0.23	0.18 ± 0.08	0.07 ± 0.03	0.26 ± 0.15	0.11 ± 0.05	9.81 ± 8.68	4.96 ± 6.04
$PM_{2.5}$	1 月	5.36 ± 3.52	1.31 ± 0.97	0.18 ± 0.09	0.66 ± 0.38	0.47 ± 0.46	0.20 ± 0.12	0.05 ± 0.01	0.55 ± 0.36	0.08 ± 0.03	20.6 ± 18.6	5.36 ± 3.52
	4 月	1.66 ± 0.99	0.45 ± 0.17	0.03 ± 0.01	1.25 ± 0.43	0.49 ± 0.25	0.02 ± 0.01	0.04 ± 0.01	0.27 ± 0.19	0.69 ± 0.63	11.9 ± 10.4	1.66 ± 0.99
	9 月	2.82 ± 3.26	1.24 ± 1.07	0.12 ± 0.08	1.10 ± 0.66	0.57 ± 0.60	0.43 ± 0.21	0.04 ± 0.01	0.27 ± 0.14	0.11 ± 0.04	12.5 ± 10.8	2.82 ± 3.26
	11 月	8.12 ± 3.76	2.46 ± 1.20	0.25 ± 0.12	1.42 ± 0.68	0.97 ± 0.48	0.18 ± 0.06	0.05 ± 0.01	0.74 ± 0.39	0.10 ± 0.02	29.4 ± 14.9	4.92 ± 2.74
	全年	4.38 ± 3.90	1.32 ± 1.16	0.14 ± 0.12	1.10 ± 0.61	0.61 ± 0.50	0.20 ± 0.19	0.04 ± 0.01	0.45 ± 0.35	0.25 ± 0.42	18.3 ± 15.7	12.2 ± 14.6

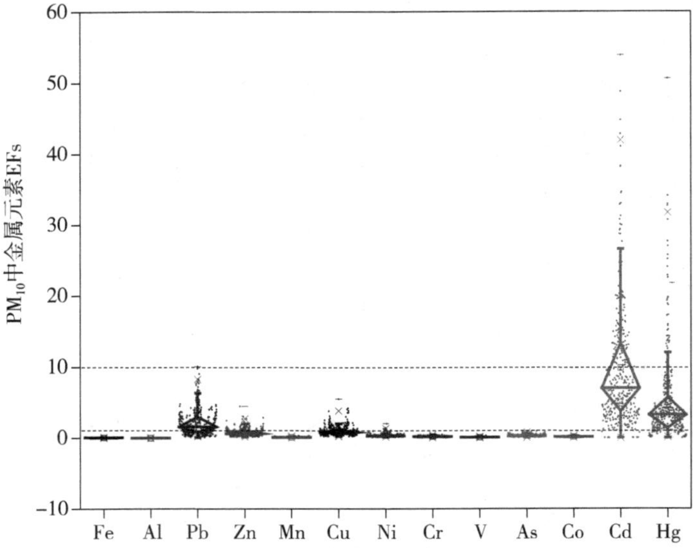

（a）PM_{10}

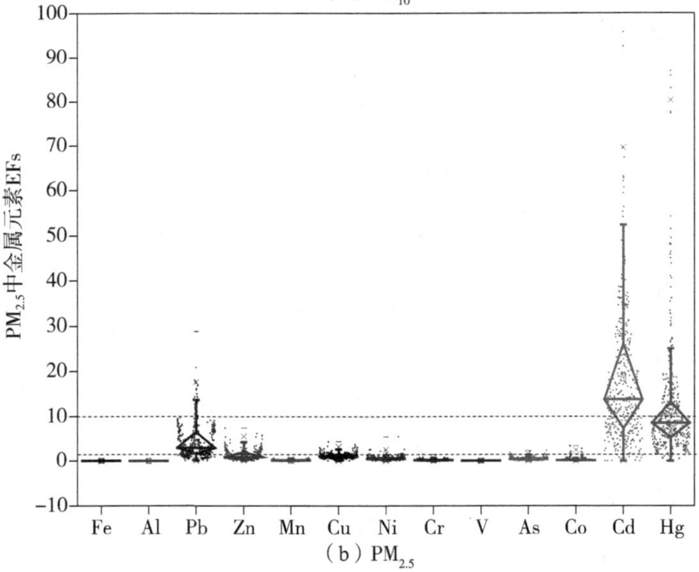

（b）$PM_{2.5}$

图 5-22　PM_{10} 和 $PM_{2.5}$ 中金属元素富集因子

5.3.3　来源解析

PM_{10} 中金属元素主成分分析结果显示（见表 5-11），提取到的 4 个因子累积解释总方差的71.7%。PC1在Si、Fe、Al、Ti和V等元素上载荷较高，可解释总方差的25.2%。Si、Al、Fe和Ti等是公认的地壳元素，因此可将PC1定义为沙尘源。PC2在Pb、Zn、Mn、Ni和As等元素上载荷较高，能解释总方差的20.2%。大气中Pb、Zn和Ni元素主要来自汽车尾气排放[8,177]，Mn主要来源于汽油中添加的锰基抗爆剂[178]。因此，PC2代表机动车尾气源。PC3在Cr、Cd、Hg元素上载荷较高，大气中的Hg主要来自燃煤源，燃煤也排放Cr和Cd[179-181]，因此PC3可定义为燃煤源，可解释总方差的15.1%。PC4在Cu元素上载荷较高，Cu元素主要来源于有金属冶炼工业过程[182,183]，PC4代表金属冶炼排放源，可解释总方差的11.2%。

表5-11　PM_{10} 中金属元素方差旋转因子载荷矩阵

元素	PC1	PC2	PC3	PC4
Si	**0.882**	0.025	0.035	−0.036
Fe	**0.842**	0.312	0.120	−0.022
Al	**0.852**	0.305	0.046	0.051
Pb	0.130	**0.815**	0.155	−0.173
Zn	0.169	**0.879**	0.080	0.102
Mn	0.483	**0.647**	−0.119	0.243
Ti	**0.790**	0.310	−0.112	0.270
Cu	0.189	0.043	0.146	**0.768**
Ni	0.275	**0.654**	0.227	−0.109
Cr	0.203	0.158	**0.794**	0.362
V	**0.705**	0.186	0.144	0.215
As	0.319	**0.607**	0.275	0.244
Co	0.539	0.240	0.504	−0.469
Cd	0.002	0.414	**0.733**	−0.360
Hg	−0.057	0.035	**0.906**	0.101
解释的方差 /%	25.2	20.2	15.1	11.2

注：* 载荷 >0.6 加粗表示。

$PM_{2.5}$ 中金属元素主成分分析结果如表 5-12 所示，共提取到 4 个因子，累积解释总方差的 75.0%。PC1 在 Si、Fe、Al、Ti 和 V 等元素上载荷较高，代表土壤尘，解释总方差的 27.7%。PC2 在 Pb、Zn、Mn 和 Cr 等元素上载荷较高，Pb、Zn、Mn 来自机动车尾气，道路扬尘和车辆轮胎的磨损可能是 Cr 的主要来源[176]，因此 PC2 代表机动车尾气源，可解释总方差的 21.5%。PC3 在 As、Cd 和 Hg 元素上载荷较高，As 和 Hg 是燃煤源的标识组分[176]，因此 PC3 代表燃煤源，可解释总方差的 16.6%。PC4 在 Cu、Ni、Co 元素上载荷较高，代表金属冶炼排放源，解释总方差的 9.2%。

表 5-12　$PM_{2.5}$ 中金属元素方差旋转因子载荷矩阵

元素	PC1	PC2	PC3	PC4
Si	**0.697**	0.033	0.103	0.167
Fe	**0.823**	0.312	0.120	0.149
Al	**0.883**	0.325	0.128	0.069
Pb	0.106	**0.675**	0.502	0.234
Zn	0.100	**0.847**	0.099	0.239
Mn	0.396	**0.703**	0.381	0.043
Ti	**0.900**	−0.007	0.077	0.073
Cu	0.066	0.069	0.081	**0.698**
Ni	0.168	0.302	−0.024	**0.703**
Cr	0.366	**0.606**	0.134	−0.264
V	**0.753**	0.180	0.483	−0.035
As	0.228	0.483	**0.617**	0.183
Co	0.105	−0.515	0.067	**0.645**
Cd	0.174	0.409	**0.705**	0.046
Hg	0.136	−0.012	**0.822**	−0.015
解释的方差 /%	27.7	21.5	16.6	9.2

注：* 载荷 >0.6 加粗表示。

5.4 小结

（1）沙尘天 Ca^{2+} 和 Na^+ 浓度较高，而雾霾天 SO_4^{2-}、NO_3^-、NH_4^+、K^+ 和 Cl^- 浓度较高。雾霾天 SO_4^{2-} 主要来自本地源，而沙尘天 SO_4^{2-} 主要以区域传输为主。正常天阴阳离子基本平衡，而沙尘天阳离子过剩而导致颗粒物呈弱碱性。包头西北区域二次无机离子贡献较高，在东南区域沙尘相对贡献较高，这主要与其周边工业企业分布和城市化进程有关。聚类分析、三元图和主成分分析结果一致，沙尘源、二次无机离子、燃煤、生物质燃烧和工业污染源为 WSIs 的主要来源。

（2）PM_{10} 和 $PM_{2.5}$ 中 OC 平均浓度依次为 1 月 >11 月 >4 月 >9 月，EC 平均浓度依次为 1 月 >11 月 >9 月 >4 月。PM_{10} 和 $PM_{2.5}$ 中 OC 和 EC 均与风速显著负相关，与相对湿度显著正相关，表明高风速和低相对湿度有利于 OC 和 EC 的消除。聚类分析结果表明 OC 与 SO_2、CO 同源，主要来源于燃煤，EC 与 NO_2 同源，主要来源于机动车尾气和电厂排放。包头市夏季 OC 主要以一次源为主，冬季二次有机气溶胶也有较大贡献。

（3）沙尘天 Si、Al、Fe、Ti 和 Cu 等元素浓度远高于雾霾天和正常天，表明沙尘天对 PM_{10} 和 $PM_{2.5}$ 中地壳元素有较大贡献。雾霾天 Pb、Zn、Mn 和 Cd 等元素浓度远高于正常天和沙尘天，表明雾霾天移动源和工业源等人为污染源对这些金属元素有较大贡献。包头市 PM_{10} 和 $PM_{2.5}$ 中 Pb、Cd 和 Hg 的平均富集因子均大于 1，表明这些元素既有自然源也有人为来源。Pb、Cd 和 Hg 在 $PM_{2.5}$ 中的平均富集因子明显高于 PM_{10}，表明这些元素更易富集在细颗粒物上。1 月和 11 月，Pb、Cd 和 Hg 的平均富集因子明显高于 4 月和 9 月，这可能与冬季燃煤取暖和不利气象条件导致的颗粒物浓度较高有关。

6 居民区积尘的环境地球化学特征

6.1 金属元素的污染特征和来源

根据 Tessier 五步连续提取法提取各形态释放金属的难易程度不一样，其生态风险也有所不同。可交换态（F1，exchangeable）主要通过离子交换和吸附作用结合于颗粒物表面，易于迁移、转化和吸收，存在较大的环境风险[184]。碳酸盐结合态（F2，bound to carbonates）对 pH 敏感，在酸性条件下易转化为溶解态重新释放出来，产生较大的环境风险。铁锰氧化物结合态（F3，bound to iron and manganese oxides）重金属比可交换态和碳酸盐结合态稳定，但在还原环境中易被释放，也具有潜在环境风险[185]。有机质结合态（F4，bound to organic matter）很难释放出金属元素，比铁锰氧化物结合态更稳定，但是在强氧化条件下也会被释放出来。残渣态（F5，residual）是多数金属的主要组成部分，一般存在于原生或次生矿物等晶格中，在自然环境下很难被释放出来，不易迁移转化，其生态风险较低[186]。不同形态的金属元素的环境行为、迁移转化能力以及生物可利用性存在较大差异，在特定的环境条件下可以相互转化，因此金属元素的形态分析是评价其环境行为和生态效应的基础。

6.1.1 形态分布特征

居民区积尘样品中各金属元素形态分布如表 6–1 和图 6–1 所示，Pb 主要以铁锰氧化物结合态和残渣态存在，分别占总量的 46.4% 和 36.8%。铁锰氧化物和氢氧化物是土壤中金属的重要清除剂[187]，尤其是在 pH>7 时，因此 Pb 往往更易与铁的氧化物或氢氧化物结合[188]，而白云鄂博为著名的铁矿区，因此铁锰氧化物结合态的 Pb 较多。Zn 的形态分布特征与 Pb 类似，主要以铁锰氧化物结合态和残渣态为主，分别占总量的 33.7% 和 53.3%。Pb 和 Zn 的离子容易被碳酸盐、黏土矿物和含水氧化物等物质吸附在表面，分别以 $CaCO_3 \cdot PbCO_3$ 和 $CaCO_3 \cdot ZnCO_3$ 等形式存在[189,190]，因此 Pb 和 Zn 的碳酸盐结合态占比较高。Cu 主要以残渣态和有机质结合态存在，分别占总量的 73.6% 和 24.1%。Cu^{2+} 为亲硫元素，与有机质的地球化学亲和性较强，易与腐殖酸和氨基酸络合，形成稳定的有机络合物，导致 Cu 的有机质结合态含量较高[191,192]。Cd 主要以铁锰氧化物结合态、可交换态和有机质结合态存在，分别占总量的 60.9%、19.2% 和 19.9%。Cd 的铁锰氧化物结合态高与样品的 pH 有关，在 pH 大于 7.5 的样品中，Cd 易被氢氧化铁吸附[193]。

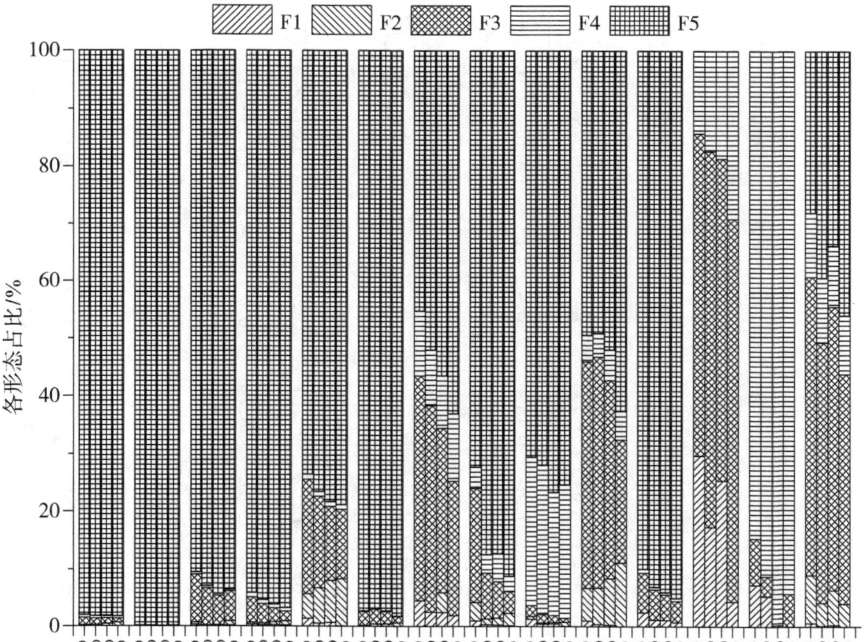

图 6-1　金属元素形态百分比

表 6-1　居民区积尘中金属元素形态含量

元素	F1/（mg/kg）		F2/（mg/kg）		F3/（mg/kg）		F4/（mg/kg）		F5/（mg/kg）		全消解 /（mg/kg）		Sum of F1-F5/（mg/kg）	
	范围	平均	范围	平均	范围	平均	范围	平均	范围	平均	范围	平均	范围	平均
Al	ND	ND	26.69~754.7	226.0 ± 152.3	295.2~1027	587.1 ± 183.4	199.5~383.6	275.9 ± 32.88	47 082~81 931	56 139 ± 5 431	37 148~77 612	48 738 ± 6 798	48 319~83 696	57 228 ± 5 545
Ti	ND~0.16	0.04 ± 0.05	ND~5.93	0.96 ± 1.22	1.41~5.63	2.68 ± 0.99	0.06~0.35	0.17 ± 0.07	2 405~3262	2 835 ± 204.0	1 600~2 581	2 109 ± 205.6	2407~3268	2 839 ± 204.8
V	0.02~0.34	0.13 ± 0.07	0.14~1.22	0.48 ± 0.33	2.38~7.74	4.15 ± 1.33	0.08~0.44	0.25 ± 0.08	47.28~72.77	59.87 ± 6.9	35.96~78.51	56.18 ± 9.2	50.38~80.37	64.54 ± 7.43
Cr	0.05~0.97	0.31 ± 0.18	0.11~2.78	0.59 ± 0.47	1.98~14	3.73 ± 2.28	0.58~1.66	0.88 ± 0.21	79.77~173.48	117.48 ± 23.75	70.33~160.59	110.16 ± 25.26	83.74~178.2	123.0 ± 24.83
Mn	0.09~19.93	2.9 ± 3.69	11.57~72.33	28.1 ± 11.74	37.35~118.9	66.39 ± 21.73	2.46~5.81	3.79 ± 0.89	246.0~453.0	331.9 ± 64.56	348.0~853.2	575.4 ± 133.1	315.4~570.0	433.1 ± 81.14
Fe	1.42~14.98	7.27 ± 3.13	55.61~1 466	338.9 ± 257.8	936.2~3 196	1604 ± 517.0	73.29~192.2	123.6 ± 29.19	57 724~120 149	81 962 ± 16 846	46 007~100 856	68 627 ± 16 041	59 518~121 880	84 037 ± 16 838
Co	0.03~0.2	0.06 ± 0.03	0.08~0.08	N.D	0.35~1.04	0.64 ± 0.2	0.17~0.28	0.21 ± 0.03	0.13~5.26	1.05 ± 0.89	0.02~9.76	2.13 ± 1.53	0.6~6.6	1.71 ± 0.97
Ni	0.05~4.67	0.27 ± 0.67	0.02~21.37	1.09 ± 3.17	1.39~58.63	5.68 ± 11.32	0.81~6.32	1.96 ± 1.27	23.77~72.2	43.88 ± 10.37	29.2~359.67	57.82 ± 50.84	26.44~129.67	52.83 ± 19.59

续表

元素	F1/（mg/kg）		F2/（mg/kg）		F3/（mg/kg）		F4/（mg/kg）		F5/（mg/kg）		全消解 /（mg/kg）		Sum of F1-F5/（mg/kg）	
	范围	平均	范围	平均	范围	平均	范围	平均	范围	平均	范围	平均	范围	平均
Cu	ND~0.74	0.23 ± 0.21	0.01~0.61	0.16 ± 0.15	0.16~2.45	0.47 ± 0.41	4.27~22.68	8.33 ± 3.44	12.58~41.98	25.26 ± 5.84	28.37~94.84	47.88 ± 13.15	18.45~67.95	34.33 ± 9.08
Zn	0.01~5.61	0.55 ± 0.95	2.9~21.68	8.03 ± 3.94	18.08~55.24	33.32 ± 10.59	2.82~9.89	4.78 ± 1.42	35.92~100.57	53.62 ± 12.22	88.46~237.39	150.74 ± 35.17	75.07~133.27	100.17 ± 15.82
As	0.06~0.77	0.28 ± 0.18	N.D	N.D	0.34~2.61	1.02 ± 0.41	0.05~0.2	0.11 ± 0.03	13.36~21.49	18.04 ± 2.05	22.27~34.48	27.6 ± 2.72	14.56~24.67	19.45 ± 2.24
Cd	ND~0.27	0.04 ± 0.05	N.D	N.D	0.04~0.31	0.1 ± 0.06	0.02~0.05	0.03 ± 0.01	N.D	N.D	N.D	N.D	0.08~0.57	0.17 ± 0.1
Hg	0.13~2.45	1.18 ± 0.7	N.D	N.D	0.02~2.2	0.74 ± 0.66	0.89~37.44	9.71 ± 8.24	N.D	N.D	N.D	N.D	0.89~38.14	10.59 ± 9.03
Pb	ND~4.53	0.56 ± 1.13	0.98~53.2	5.28 ± 10.29	17.99~189.6	39.67 ± 34.48	4.04~34.18	9.12 ± 7.32	14.29~82.21	29.01 ± 11.76	20.54~442.18	92.38 ± 84.12	39.84~330.14	83.3 ± 59.14

注：N.D 表示未检出，Sum of F1–F5 表示五个形态之和。

6.1.2 累积与风险

6.1.2.1 富集因子

包头市居民区积尘中金属元素的富集因子如图 6-2 所示，Al、V、Cr、Mn、Fe、Ni、Cu、Zn、As、Pb 等元素 1 < EF < 10，表明这些元素均有富集现象，但是富集程度不高，既有人为污染源的贡献也有自然源影响。所有元素均表现出了明显的空间差异性，Fe、Mn、Cr 和 V 平均富集因子呈昆都仑区 > 青山区 > 九原区 > 东河区的趋势，Cu 和 Pb 呈青山区 > 昆都仑区 > 九原区 > 东河区，而 Zn 呈青山区 > 昆都仑区 > 东河区 > 九原区。Co 富集因子小于 1，表明 Co 元素在居民区积尘中无富集现象，其含量与内蒙古土壤背景值接近，主要来源于沙尘。昆都仑区有大型钢铁冶炼企业，Fe、Mn、Cr 和 V 等钢铁冶炼企业排放相关元素富集因子高于其他研究区，而青山区距离昆都仑区较近，且在其主导风向下风向，受昆都仑区钢铁冶炼企业的影响，这些元素富集因子高于九原区和东河区。同时，东河区受其周边大型燃煤电厂和北梁拆迁改造影响，Al、Co 和 Ni 元素富集因子高于其他研究区域。

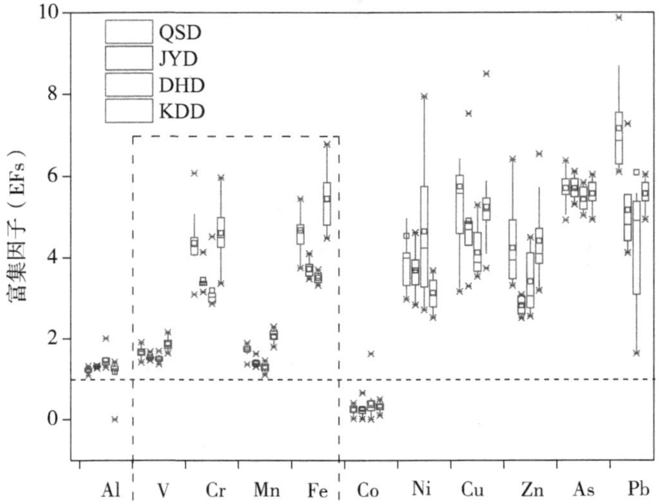

图 6-2 各研究区金属元素富集因子

6.1.2.2 地累积指数

地累积指数（index of geo-accumulation，I_{geo}）是定量评价金属元素在土壤、沉积物和灰尘等环境中的富集程度和污染程度的常用方法之一[194-197]，可通过（式 6-1）计算：

$$I_{geo} = \log_2 [C_i / (k \times B_i)] \quad (6\text{-}1)$$

式中，C_i 是积尘中元素 i 的含量，B_i 为 i 元素的地球化学背景值，本书选用研究区土壤背景值，k 为考虑各地岩石差异可能会引起背景值的变动而取的系数（一般取 1.5），地累积指数污染等级划分如表 6-2 所示。

表 6-2　地累积指数污染等级划分

指标	污染级别
$I_{geo} \leqslant 0$	无污染
$0 < I_{geo} \leqslant 1$	无污染到中度污染
$1 < I_{geo} \leqslant 2$	中度污染
$2 < I_{geo} \leqslant 3$	中度污染至强污染
$3 < I_{geo} \leqslant 4$	强污染
$4 < I_{geo} \leqslant 5$	强污染至极强污染
$I_{geo} > 5$	极强污染

包头市居民区积尘中元素地累积指数顺序为 Hg（7.17）>Pb（1.56）>As（1.29）>Cu（1.1）>Cd（0.95）>Fe（0.94）>Ni（0.79）>Cr（0.78）>Zn（0.72）>V（−0.47）>Mn（−0.49）>Co（−3.33）>Ti（−1.2）。Hg 元素 $I_{geo}>5$，达到极强污染；Pb、As、Cu 等元素 $1 \leqslant I_{geo}<2$，达到中度污染；Cd、Fe、Ni、Cr、Zn 等元素 $0 \leqslant I_{geo}<1$，属轻度污染；V、Mn、Co、Ti 等元素 $I_{geo}<0$，无污染（见图 6-3）。

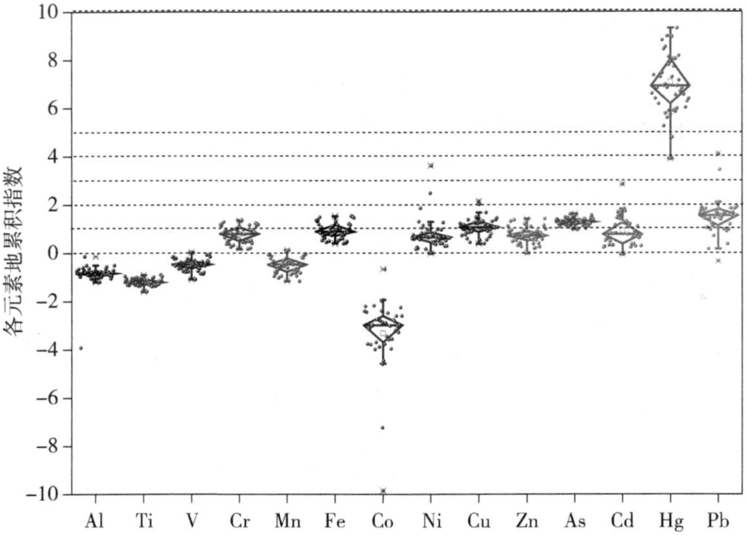

图 6-3　金属元素元素地累积指数

6.1.2.3　Hakanson 潜在生态风险指数

潜在生态风险指数是基于沉积理论和丰度原理开发的，最初是由 Hakanson[198] 提出，并在土壤、沉积物和灰尘等领域得到了广泛应用。潜在生态风险指数表示由金属元素直接构成的生态风险，可通过式（6-2）计算。

$$E_r^i = T_r^i \times C_i / B_i \qquad (6\text{-}2)$$

式中，E_r^i 为第 i 种重金属元素的潜在生态风险指数，T_r^i 为第 i 种重金属元素的毒性系数，Ti、Mn、Zn、V、Cr、Cu、Pb、Ni、Co、As、Cd 和 Hg 元素的毒性系数分别为 1、1、1、2、2、5、5、5、5、10、30 和 40[199]。C_i 为第 i 种重金属元素的实测浓度，B_i 为第 i 种重金属元素的参比值，潜在生态风险指数污染等级划分如表 6-3 所示。

表 6-3 潜在生态风险指数污染等级划分

指标	风险等级
$E_r^i < 40$	生态风险轻微
$40 \leqslant E_r^i < 80$	生态风险中等
$80 \leqslant E_r^i < 160$	生态风险高
$160 \leqslant E_r^i < 320$	生态风险很高
$E_r^i \geqslant 320$	生态风险极高

包头市居民区积尘中各元素潜在生态风险指数顺序依次为 Hg（13 574）>Cd（99）>As（36）>Pb（26）>Cu（16）>Ni（15）>Cr（5）>Zn（2）>V（2）>Mn（1）>Co（1）>Ti（0.6）。Hg 的潜在生态风险极高，Cd 生态风险高，As、Pb、Cu、Ni、Cr、Zn、V、Mn、Co、Ti 等元素生态危害轻微（见图 6-4）。

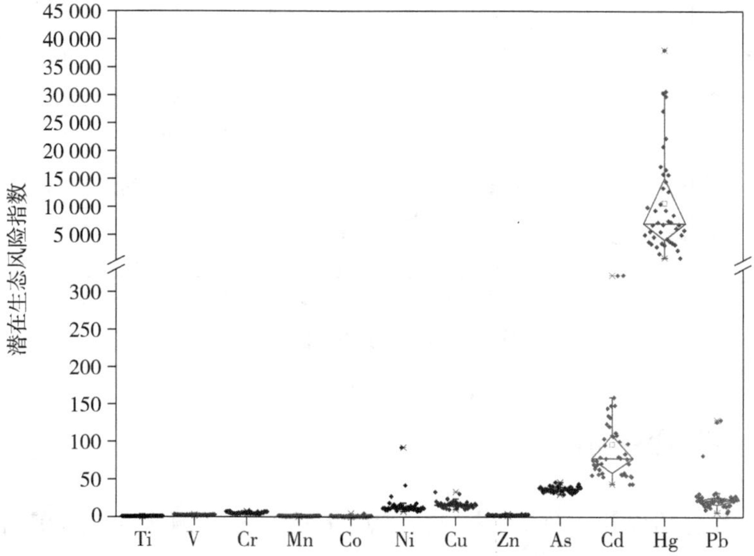

图 6-4 金属元素潜在生态风险指数

6.1.2.4 风险评价指数

通常使用可交换态和碳酸盐结合态之和占各形态之和的比例来判定金

属元素所具有的环境风险，即风险评价指数（risk assessment code，RAC）=（F1+F2）/（F1+F2+F3+F4+F5）×100%。包头市居民区积尘样品中金属元素的RAC值依次为Cd（17.1%）>Zn（8.4%）>Mn（7.2%）>Hg（7.1%）>Pb（4.7%）>Co（4.2%）>Ni（1.9%）>As（1.5%）（见图6-5）。Cd本身是一个活性较强、易释放的重金属元素[200-202]，因此Cd的RAC值最大，呈现出较大的生物可利用性，环境风险较大。Al、Ti、V、Cr、Fe、Cu等金属元素RAC<1%，表明这些金属元素生物可利用性极低，无环境风险。

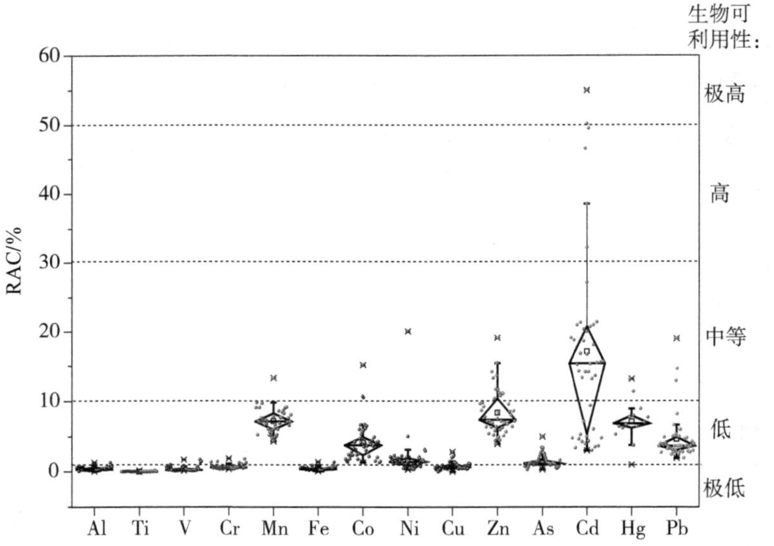

图6-5　金属元素风险评价指数

6.1.3　来源解析

相关性分析结果表明，Fe、Mn、V、Cr和Zn两两之间在0.01水平上显著正相关，Cu和Pb之间在0.01水平上显著正相关，Al、Ti和As两两之间在0.01水平上显著正相关（见表6-4），说明居民区积尘中这些金属元素存在三种源类。

表 6-4 居民区积尘中金属之间相关矩阵

	距离	Cu	Pb	Zn	Cr	Ni	Mn	Al	Ti	V	Fe	Co	As
距离	1												
Cu	–0.357*	1											
Pb	–0.018	0.409**	1										
Zn	–0.494**	0.320*	0.204	1									
Cr	–0.686**	0.338*	–0.094	0.431**	1								
Ni	0.037	0.115	–0.042	–0.064	0.019	1							
Mn	–0.828**	0.369*	–0.074	0.518**	0.852**	0.020	1						
Al	0.510**	–0.034	–0.133	–0.003	–0.065	0.154	–0.056	1					
Ti	–0.057	0.185	–0.133	0.086	0.468**	0.123	0.455**	0.600**	1				
V	–0.531**	0.310*	–0.176	0.308*	0.779**	0.087	0.856**	0.310*	0.732**	1			
Fe	–0.769**	0.226	–0.062	0.491**	0.885**	0.003	0.952**	–0.042	0.481**	0.819**	1		
Co	0.105	0.122	–0.165	0.110	0.177	0.173	0.151	0.350*	0.322*	0.235	0.092	1	
As	–0.138	0.227	0.002	0.187	0.369*	0.157	0.392**	0.396**	0.798**	0.563**	0.378*	0.351*	1

注：** 表示在 0. 01 水平（双侧）上显著相关，* 表示在 0.05 水平（双侧）上显著相关。

居民区积尘中金属元素主成分分析结果显示（见表 6–5），提取到的 3 个因子累积解释总方差的 69.2%。PC1 在 Fe、Mn、Cr 和 V 等元素上载荷较高，解释总方差的 35.4%。Fe 和 Mn 等是典型的钢铁冶炼企业排放特征元素[174]，结合包头市产业特点，可将 PC1 定义为钢铁冶炼排放源。PC2 在 Al、Ti 和 As 等元素上载荷较高，能解释总方差的 20.7%。Ti 主要来源于土壤风沙源，As 主要来源于燃煤，而 Al 既有土壤风沙源，也有燃煤排放源，因此可将 PC2 定义为土壤风沙源与燃煤源的混合源。PC3 在 Cu 和 Pb 等元素上载荷较高，能解释总方差的 13.1%，Pb 为机动车尾气的标识组分，虽然我国广泛使用无铅汽油已多年，但之前排放的 Pb 在道路尘中富集，通过再悬浮作用仍会对大气环境造成影响[203]。Cu 主要来源于汽车制动板的磨损[178，204]，因此可将 PC3 定义为机动车尾气源。

表 6–5　居民区积尘中金属元素方差旋转因子载荷矩阵

元素	成分		
	PC1	PC2	PC3
Cu	0.290	0.153	**0.766**
Pb	–0.150	–0.089	**0.856**
Zn	0.533	–0.073	0.434
Cr	**0.923**	0.067	0.055
Ni	–0.074	0.388	0.109
Mn	**0.965**	0.071	0.103
Al	–0.095	**0.829**	–0.122
Ti	0.487	**0.768**	–0.088
V	**0.848**	0.411	–0.047
Fe	**0.965**	0.044	0.026
Co	0.110	0.574	–0.034
As	0.408	**0.710**	0.091
解释的总方差 /%	35.4	20.7	13.1

注：* 载荷 >0.6 加粗表示。

6.1.4 空间分布特征

富集因子和主成分分析结果表明，钢铁冶炼企业对居民区积尘中金属元素有较大影响，Fe、Mn、Cr、V、Zn 和 Cu 等元素含量随着采样点至钢铁冶炼企业距离的增加而减小（见表 6–4），Fe、Mn 和 Cr 尤为明显（见图 6–6 ~ 图 6–8），Fe 和 Mn 是钢铁冶炼的标识物，表明钢铁冶炼企业排放可能是居民区积尘中这些元素的主要来源。Al 元素含量随着采样点至钢铁冶炼企业距离的增加而增加，表明 Al 受多种来源影响，钢铁冶炼企业对其影响不大。结合采样点至钢铁冶炼企业距离和元素含量差异可将采样区分为区域 Ⅰ 和区域 Ⅱ，区域 Ⅰ 样品中 Fe、Mn、Cr、V、Zn 和 Cu 等元素含量明显高于区域 Ⅱ，均呈现西高东低的分布规律。

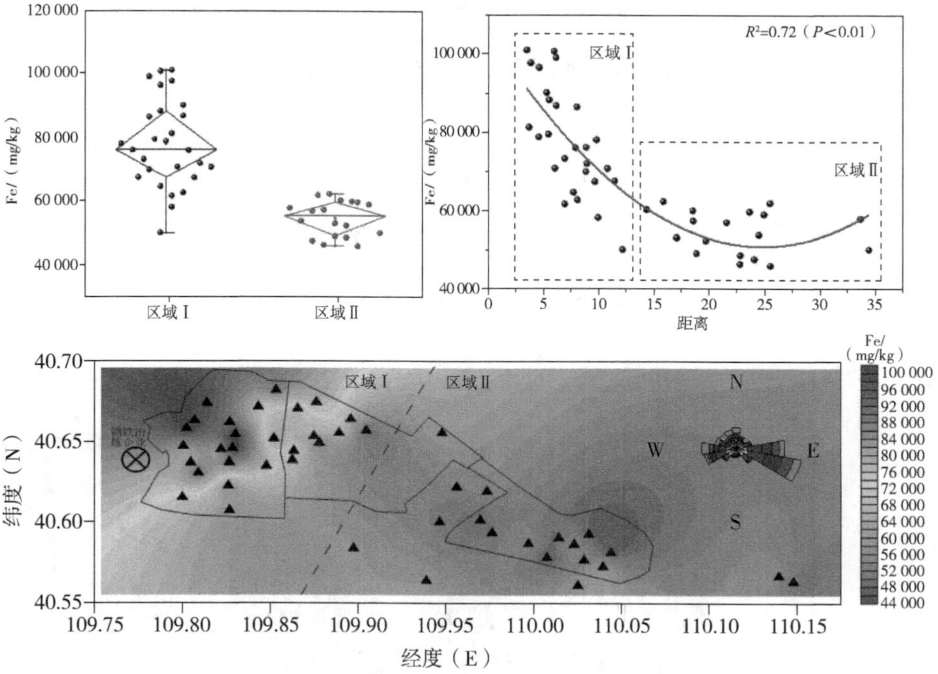

图 6–6 居民区积尘中 Fe 的空间分布

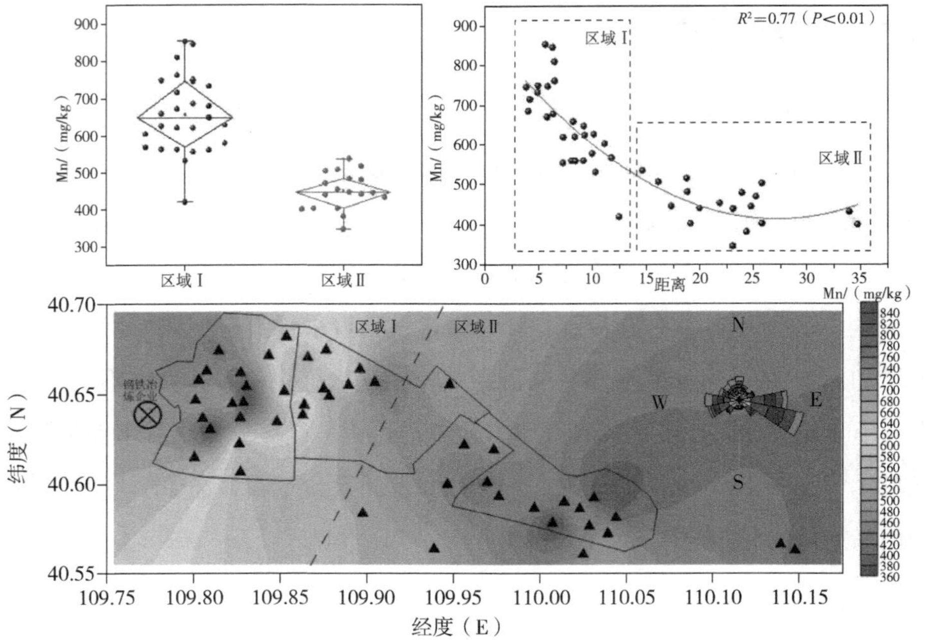

图 6-7 居民区积尘中 Mn 的空间分布

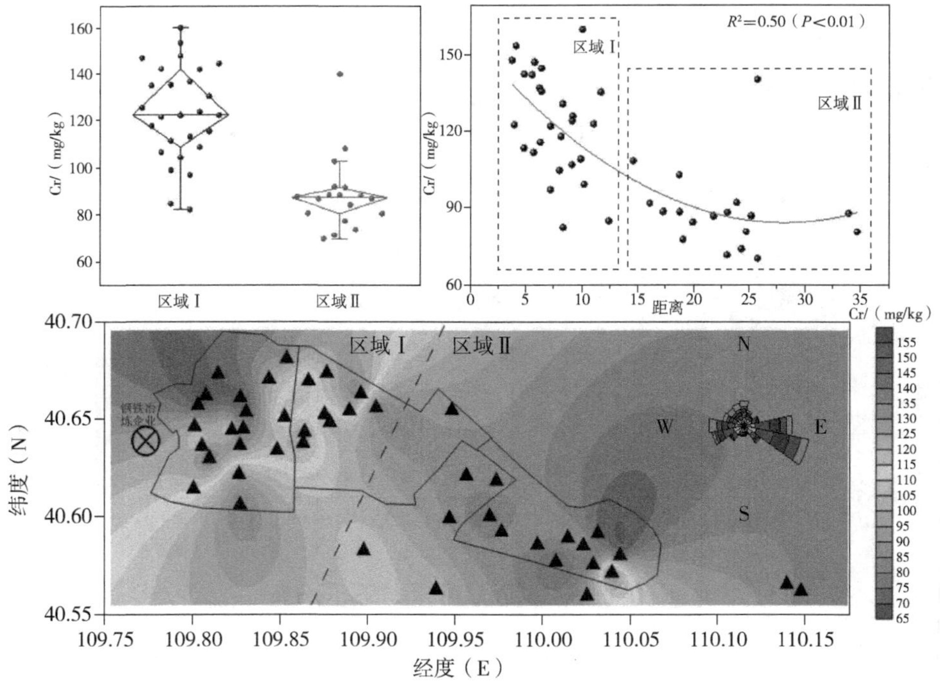

图 6-8 居民区积尘中 Cr 的空间分布

6.2 稀土元素的污染特征和来源

6.2.1 形态分布特征

各形态中La、Ce、Pr、Nd、Sm、Eu、Gd、Tb、Dy、Ho、Er、Tm、Yb和Lu等14种稀土元素的含量和百分比如图6-9和表6-6所示。全消解的居民区积尘样品中∑REE介于275～2 099 mg/kg，平均值为896 mg/kg，高于内蒙古土壤背景值（123.2 mg/kg）[94]，低于白云鄂博矿区土壤含量（1 906 mg/kg）[205]。可交换态、碳酸盐结合态、铁锰氧化物结合态、有机质结合态和残渣态中∑REEs平均值分别为0.07 mg/kg、11.1 mg/kg、128 mg/kg、109 mg/kg和

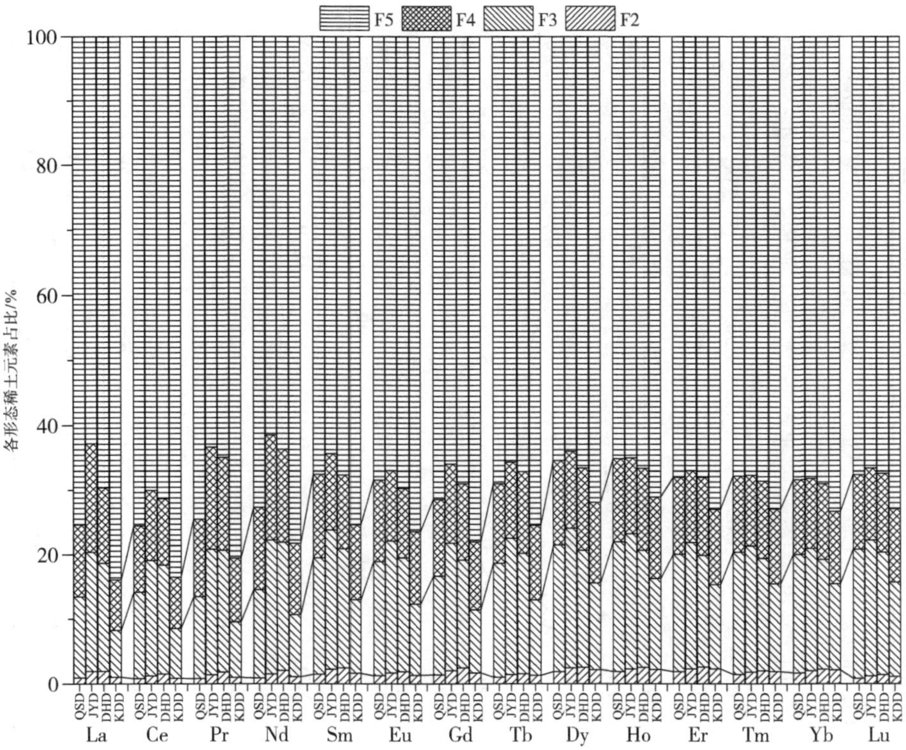

图6-9 各形态稀土元素浓度及百分比

表 6-6　包头市居民区积尘中稀土元素形态含量

REE	F1/（mg/kg）		F2/（mg/kg）		F3/（mg/kg）		F4/（mg/kg）		F5/（mg/kg）		全消解 /（mg/kg）		Sum of F1 ~ F5/（mg/kg）	
	范围	平均	范围	平均	范围	平均	范围	平均	范围	平均	范围	平均	范围	平均
La	0.01 ~ 0.44	0.19	1.05 ~ 4.51	2.22	9.56 ~ 43.1	21.3	6.17 ~ 54.3	19.6	39.7 ~ 348	146	50.6 ~ 410	172	61.2 ~ 394	190
Ce	ND ~ 0.59	0.11	2.10 ~ 10.62	5.16	29.6 ~ 139	63.8	18.2 ~ 142	50.7	125 ~ 948	424	146 ~ 1 141	475	190 ~ 1 090	543
Pr	ND ~ 0.09	0.02	0.31 ~ 2.36	0.81	3.67 ~ 30.9	9.98	2.33 ~ 31.8	9.49	13.9 ~ 261	60.6	17.0 ~ 257	68.6	21.2 ~ 324	80.9
Nd	0.01 ~ 0.23	0.05	0.81 ~ 6.41	2.18	8.53 ~ 80.3	26.0	5.9 ~ 80.4	24.4	32.9 ~ 641	142	42.3 ~ 630	165	51.1 ~ 804	194
Sm	ND ~ 0.05	0.01	0.19 ~ 0.62	0.37	1.53 ~ 7.66	3.28	1.03 ~ 6.12	2.50	6.53 ~ 28.1	14.4	8.31 ~ 39.7	18.7	9.94 ~ 36.2	20.6
Eu	ND	ND	0.02 ~ 0.07	0.04	0.19 ~ 0.83	0.39	0.13 ~ 0.62	0.29	0.84 ~ 3.43	1.78	1.03 ~ 4.59	2.20	1.24 ~ 4.25	2.50
Gd	ND ~ 0.02	0.01	0.09 ~ 0.25	0.14	0.61 ~ 2.42	1.14	0.48 ~ 2.16	0.92	2.91 ~ 10.3	5.86	3.48 ~ 13.3	7.22	4.27 ~ 13.5	8.07
Tb	ND	ND	ND ~ 0.02	0.01	0.07 ~ 0.22	0.12	0.05 ~ 0.16	0.09	0.29 ~ 0.79	0.50	0.36 ~ 1.1	0.63	0.44 ~ 1.10	0.72
Dy	ND ~ 0.01	0.01	0.05 ~ 0.15	0.08	0.39 ~ 1.14	0.65	0.31 ~ 0.68	0.47	1.79 ~ 3.34	2.48	2.18 ~ 5.28	3.18	2.66 ~ 5.10	3.68

续表

REE	F1/（mg/kg）		F2/（mg/kg）		F3/（mg/kg）		F4/（mg/kg）		F5/（mg/kg）		全消解 /（mg/kg）		Sum of F1 ~ F5/（mg/kg）	
	范围	平均	范围	平均	范围	平均	范围	平均	范围	平均	范围	平均	范围	平均
Ho	ND	ND	0.01 ~ 0.02	0.01	0.07 ~ 0.20	0.12	0.06 ~ 0.11	0.08	0.34 ~ 0.55	0.44	0.40 ~ 0.83	0.56	0.50 ~ 0.86	0.65
Er	ND ~ 0.02	ND	0.03 ~ 0.09	0.06	0.25 ~ 0.68	0.42	0.22 ~ 0.41	0.30	1.34 ~ 2.25	1.74	1.60 ~ 3.00	2.14	1.94 ~ 3.20	2.51
Tm	ND	ND	ND ~ 0.01	ND	0.02 ~ 0.06	0.04	0.02 ~ 0.04	0.03	0.12 ~ 0.18	0.15	0.15 ~ 0.25	0.19	0.17 ~ 0.27	0.22
Yb	ND ~ 0.02	ND	0.02 ~ 0.05	0.03	0.14 ~ 0.38	0.25	0.12 ~ 0.25	0.17	0.88 ~ 1.19	1.05	1.00 ~ 1.59	1.24	1.24 ~ 1.79	1.50
Lu	ND	ND	ND ~ 0.01	ND	0.02 ~ 0.05	0.03	0.01 ~ 0.03	0.02	0.09 ~ 0.13	0.11	0.11 ~ 0.17	0.13	0.13 ~ 0.20	0.16
REE	ND ~ 1.38	0.07	4.75 ~ 21.7	11.1	55.0 ~ 275	128	35.1 ~ 319	109	226 ~ 11 683	801	275 ~ 2 099	896	351 ~ 1 999	1 048
LREE	ND ~ 1.37	0.06	4.51 ~ 21.2	10.8	53.2 ~ 270	125	33.7 ~ 315	107	218 ~ 1 665	788	265 ~ 2 073	881	339 ~ 1 974	1 031
HREE	ND ~ 0.08	ND	0.21 ~ 0.53	0.34	1.72 ~ 5.14	2.77	1.30 ~ 3.72	2.07	7.77 ~ 18.0	12.3	9.39 ~ 25.5	15.0	11.4 ~ 25.9	17.51
LR/HR	—	—	14.5 ~ 41.9	31.14	25.0 ~ 59.8	44.4	22.2 ~ 84.8	48.8	26.2 ~ 94.2	58.9	28.0 ~ 83.9	54.8	27.4 ~ 86.34	55.22

注：ND 表示未检出，Sum of F1 ~ F5 表示各形态之和。

801 mg/kg，分别占全消解样品∑REEs的0.01%、1.5%、16.5%、13.0%和87.9%。全消解样品和残渣态中稀土元素含量顺序依次为Ce>La>Nd>Pr>Sm>Gd>Dy>Eu>Er>Yb>Tb>Ho>Tm>Lu。铁锰氧化物结合态和有机质结合态中稀土元素含量顺序依次为Ce>Nd>La>Pr>Sm>Gd>Dy>Er>Eu>Yb>Tb>Ho>Tm>Lu。碳酸盐结合态中稀土元素顺序依次为Ce>Nd>La>Pr>Sm>Gd>Dy>Er>Eu>Yb>Tb>Ho，Tm和Lu未检出。可交换态中稀土元素顺序依次为La>Ce>Nd>Pr，其他稀土元素未检出。碳酸盐结合态、铁锰氧化物结合态、有机质结合态和残渣态等形态中，Ce浓度最高，平均浓度分别为5.16 mg/kg、63.8 mg/kg、50.7 mg/kg和424 mg/kg。可交换态中La含量最高，平均浓度为0.19 mg/kg。

∑REEs在各形态中的大小顺序依次为残渣态>铁锰氧化物结合态>有机质结合态>碳酸盐结合态>可交换态，所有点位残渣态∑REEs总量均最大。残渣态∑REEs平均占全消解样品∑REEs的69.9%，而非残渣态（F1、F2、F3、F4之和）∑REEs占全消解样品∑REEs的16.1%～38.5%，平均占30.1%。轻重稀土的比值LREE/HREE可反映轻、重稀土元素的分馏程度。HREE形成络合物的能力及迁移能力均大于LREE，故按岩浆分异演化顺序依次递增。本书中居民区积尘样品LREE/HREE比值介于28.0～83.9，平均值为54.8（见表6–6），远大于1，说明包头市居民区积尘中LREE相对于HREE富集程度更高。

6.2.2 配分模式

鉴于稀土元素的示踪作用，我们将四个研究区积尘中稀土元素进行了黄土标准化的稀土配分模式研究（见图6–10），结果发现四个研究区的稀土配分模式亦步亦趋，均呈现轻稀土富集配分模式，明显区别于内蒙古土壤，与白云鄂博铁矿石[206]中稀土元素配分模式相似。昆都仑区有大型钢铁冶炼企业，其原料主要为白云鄂博铁矿，且白云鄂博铁矿是一个大型铁、稀土共生矿床[207]，其稀土矿主要为氟碳铈矿和独居石，主要化学成分为 Ce、La 和 Nd 等轻稀土元素。因此，包头市居民区积尘中稀土元素为非土壤源，钢铁冶炼企业排放为其主要来源。

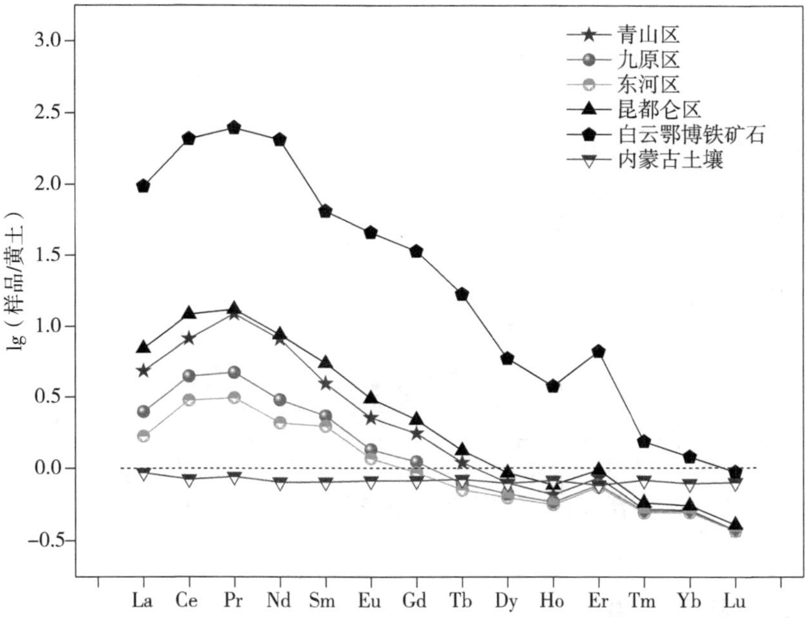

图 6-10　黄土标准化的居民区积尘中稀土配分曲线

6.2.3　富集因子

包头市居民区积尘部分样品中 La、Ce、Pr、Nd、Sm 的 EF 值大于 10（见图 6-11），说明 La、Ce、Pr、Nd、Sm 主要来自人为源，结合其应用及包头市的产业特点可知，这些稀土元素可能主要来源于钢铁冶炼行业。Eu 和 Gd 的 EF 值介于 1 ~ 10，表明 Eu 和 Gd 元素部分来源于土壤或扬尘，部分来自人为源。Tb、Er、Dy、Ho、Yb、Tm 和 Lu 等稀土元素的 EF 值接近 1，表明这 7 种元素的主导源为土壤或扬尘，人为源影响较小。各研究区 14 种稀土元素 EF 值均呈现昆都仑区 > 青山区 > 九原区 > 东河区，这可能与昆都仑区大型钢铁冶炼企业污染源排放强度有关。

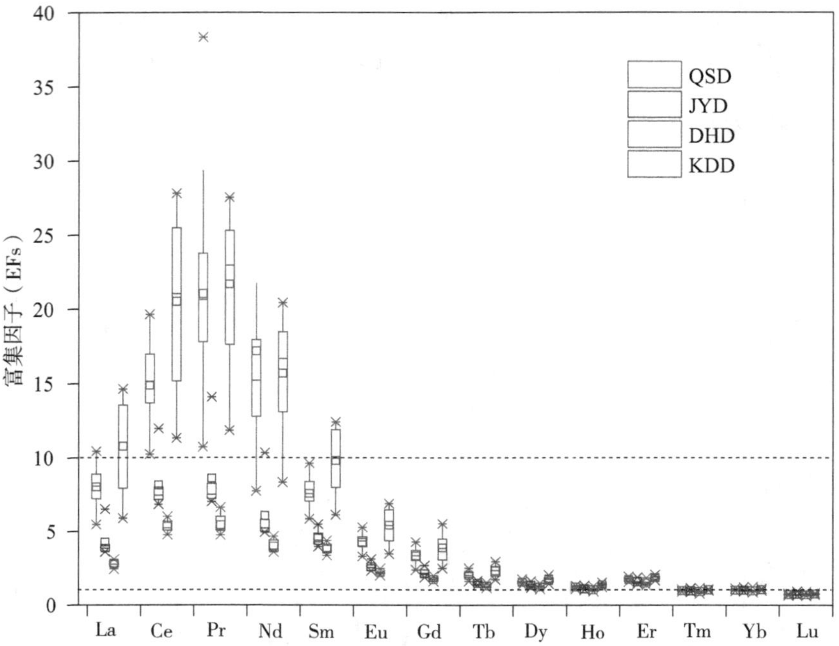

图 6-11　居民区积尘中稀土元素富集因子

6.2.4　来源解析

所有形态中∑REEs含量与Mn的含量显著正相关［见图6-12（a），$P<0.01$］，有机质结合态∑REEs含量与Fe含量不相关，其他形态中的∑REEs含量与Fe含量显著正相关［见图6-12（b），$P<0.01$］。∑REEs含量随着Mn和Fe含量的升高而升高，表明稀土元素和Mn、Fe等金属共存，在传输过程中具有共同的来源和相同的行为。

La/Yb表示轻稀土元素间分馏程度，比值大于1属轻稀土富集型，且越高轻稀土越富集（如酸性岩浆岩）。La/Yb比值接近1，属球粒陨石型模式（如大洋拉斑玄武岩、科马提岩等），比值小于1为重稀土富集型（如浅色花岗岩等）。Gd/Yb比值反映重稀土元素间的分馏程度，比值越小重稀土富集程度越高[208]。包头市居民区积尘中La/Yb比值介于47.4～269，平均为135±67.5，高于黄土中比值 16.4。Gd /Yb 比值介于 3.23 ~ 9.97，平均为 5.74 ± 1.91，高于黄土中比值 1.89，表明包头市居民区积尘中轻稀土元素明显富集，而重稀土无富集现象。∑REEs 含量随着 La/Yb 和 Gd/Yb 比值的增大而升高［见图 6-11（c），图 6-11（d）］，表明包头市居民区积尘中各形态 ∑REEs 含量随着轻稀土的富集程度增加而升高。

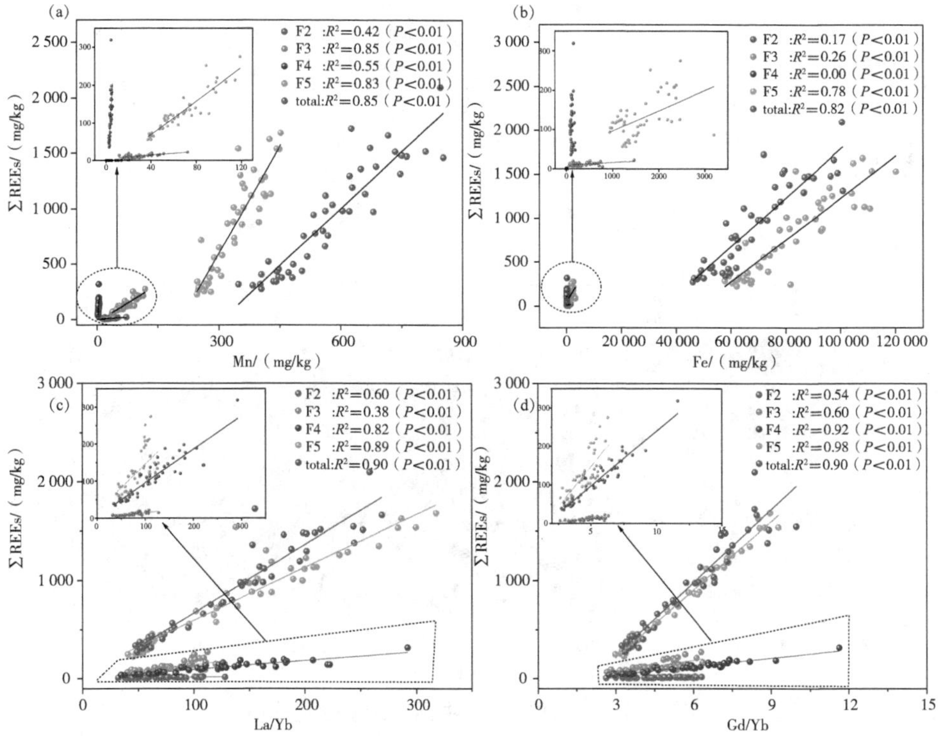

图 6-12　Fe、Mn、La/Yb 和 Gd/Yb 与 REE 相关性

6.2.5　空间分布特征

为了更进一步揭示积尘中稀土元素来源，通过 Surfer 11.0 软件使用 Kriging 插值法绘制了包头市居民区积尘中稀土元素分布图［见图 6-13（c）］。以各采样点位至钢铁冶炼企业的距离为横坐标，以 ∑REE 和富集因子为纵坐

标画图［见图6–12（a），图6–12（b）］，∑REEs含量和La、Ce、Pr、Nd 4种稀土元素的富集因子沿着主导风向随着距离的增加而降低。表明钢铁冶炼企业对居民区积尘中稀土元素含量有显著影响。包头市的东南、东、西南、西风频率较高，钢铁冶炼企业位于城市的西南位置，因此风向为西风或西南风时该钢铁冶炼企业对区域Ⅰ居民区积尘中稀土元素含量有较大影响，对区域Ⅱ影响相对较小。

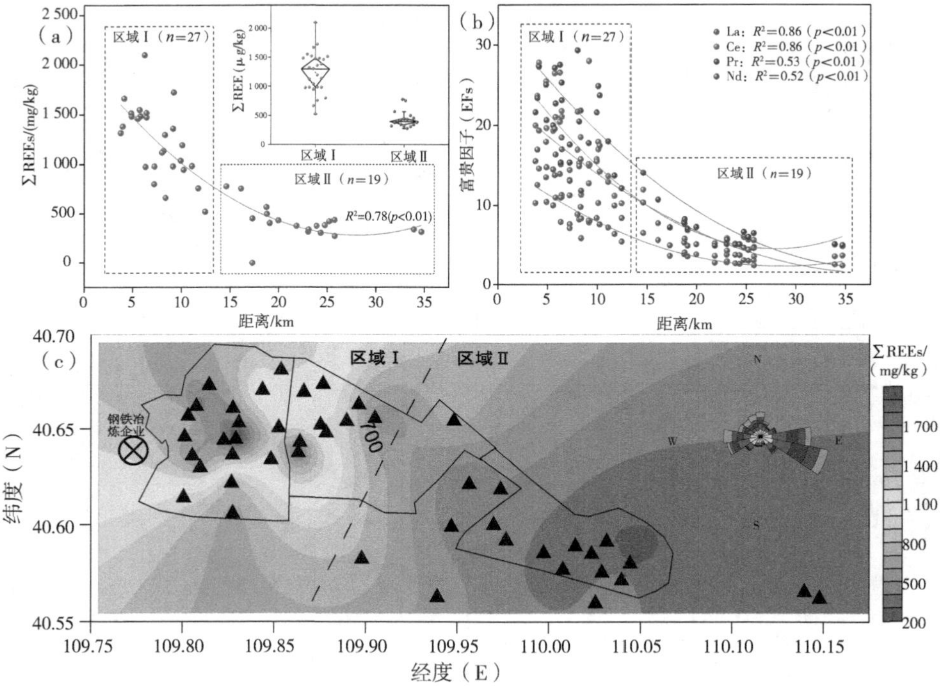

图6–13　居民区积尘中稀土元素空间分布

6.3　多环芳烃的污染特征和来源

6.3.1　污染特征

所有样品中16种PAHs均有检出，∑PAHs的含量介于2 868 ~ 14 218 μg/kg，

平均值为 7 404 ± 2 281 μg/kg。7 种致癌 PAHs 的含量介于 701.6 ~ 4 352 μg/kg，平均值为 1 703 ± 705.5 μg/kg，BaP 含量介于 34.35 ~ 762.7 μg/kg，平均值为 239.2 ± 136.7 μg/kg（见表 6–7）。16 种多环芳烃中 Ace、Phe 和 Flu 等 3 种物质含量较高，分别占 16 种多环芳烃总量的 18.2%、17.1% 和 18.2%［见图 6–14（a）］。16 种 PAHs 主要以 3 环（46.6%）和 4 环（28.0%）为主，2 环（3.8%）、5 环（14.2%）和 6 环（7.5%）PAHs 含量较低［见图 6–14（b）］。通过 Surfer 11 软件，使用 Kriging 插值法绘制 PAHs 总量、BaP 毒性当量和 BaP 含量分布图，发现 PAHs 总量在整个城市范围内都有比较严重的污染、BaP 毒性当量在青山区西北部和青山区东南部较高、BaP 含量在昆都仑区西部和东河区东部较高（见图 6–15）。包头市作为典型重工业城市，工业围城，且周边有 8 家燃煤电厂，还有多家金属冶炼企业。2014 年包头市消耗原煤 4 400 万 t，其中 4 389 万 t 为工业消耗，这也是造成包头居民区积尘 PAHs 污染的重要原因。昆都仑区西部有大型钢铁冶炼企业，东河区为老城区、道路狭窄且北面有大型电厂，因此 BaP 在这些区域浓度较高。

表 6–7　居民区积尘中 PAHs 含量、BaP 毒性当量含量（n=46）

PAHs		PAHs 范围 /（μg/kg）	PAHs 均值 ± SD/（μg/kg）	毒性当量因子 TEF [5]	TEQ_{BaP} 范围 /（μg/kg）	TEQ_{BaP} 均值 ± SD/（μg/kg）
中文名称	英文缩写					
萘	NaP	36.41 ~ 587.4	275.0 ± 120.0	0.001	0.04 ~ 0.59	0.28 ± 0.12
苊	Acy	143.0 ~ 1 952	667.7 ± 340.4	0.001	0.14 ~ 1.95	0.67 ± 0.34
二氢苊	Ace	365.7 ~ 2 982	1 356 ± 572.7	0.001	0.37 ~ 2.98	1.36 ± 0.57
芴	Fl	21.11 ~ 265.5	121.2 ± 50.50	0.001	0.02 ~ 0.27	0.12 ± 0.05
菲	Phe	485.2 ~ 2 483	1 246 ± 390.1	0.001	0.49 ~ 2.48	1.25 ± 0.39
蒽	Ant	8.04 ~ 134.2	63.37 ± 28.77	0.01	0.08 ~ 1.34	0.63 ± 0.29
荧蒽	Flu	429.0 ~ 3 146	1 346 ± 506.6	0.001	0.43 ~ 3.15	1.35 ± 0.51
芘	Pyr	56.07 ~ 1 447	291.1 ± 221.5	0.001	0.06 ~ 1.45	0.29 ± 0.22
苯并［*a*］蒽	BaA	25.57 ~ 279.1	112.9 ± 52.08	0.1	2.56 ~ 27.91	11.29 ± 5.21
䓛	Chr	55.05 ~ 810.8	340.4 ± 169.5	0.01	0.55 ~ 8.11	3.404 ± 1.70
苯并［*b*］荧蒽	BbF	26.14 ~ 597.2	95.70 ± 118.5	0.1	2.61 ~ 59.72	9.57 ± 11.85

续表

PAHs		PAHs 范围 / (μg/kg)	PAHs 均值 ± SD/ (μg/kg)	毒性当量因子 TEF[5]	TEQ_{BaP} 范围 / (μg/kg)	TEQ_{BaP} 均值 ± SD/ (μg/kg)
中文名称	英文缩写					
苯并[*k*]荧蒽	BkF	83.92 ~ 1 246	422.2 ± 242.0	0.1	8.39 ~ 124.6	42.22 ± 24.20
苯并[*a*]芘	BaP	34.35 ~ 762.7	239.2 ± 136.7	1	34.35 ~ 762.7	239.2 ± 136.7
二苯并[*a*,*h*]蒽	DBA	7.79 ~ 2 775	277.6 ± 475.1	1	7.79 ~ 2 775	277.6 ± 475.1
苯并[*g*,*h*,*i*]苝	BP	111.5 ~ 850.4	334.3 ± 190.6	0.01	1.12 ~ 8.50	3.34 ± 1.91
茚并[1,2,3-*cd*]芘	InP	101.7 ~ 538.4	215.1 ± 91.29	0.1	10.17 ~ 53.84	21.51 ± 9.13
∑PAHs		2 868 ~ 14 218	7 404 ± 2 281	—	231.8 ~ 3 102	614.0 ± 497.1
Car-PAHs		701.6 ~ 4 352	1 703 ± 705.5	—	226.8 ~ 3 096	604.8 ± 496.8

注：致癌多环芳烃（Car-PAHs）包括 BaA、Chr、BbF、BkF、BaP、DBA 和 InP。毒性当量因子 TEF 引自文献[209]。

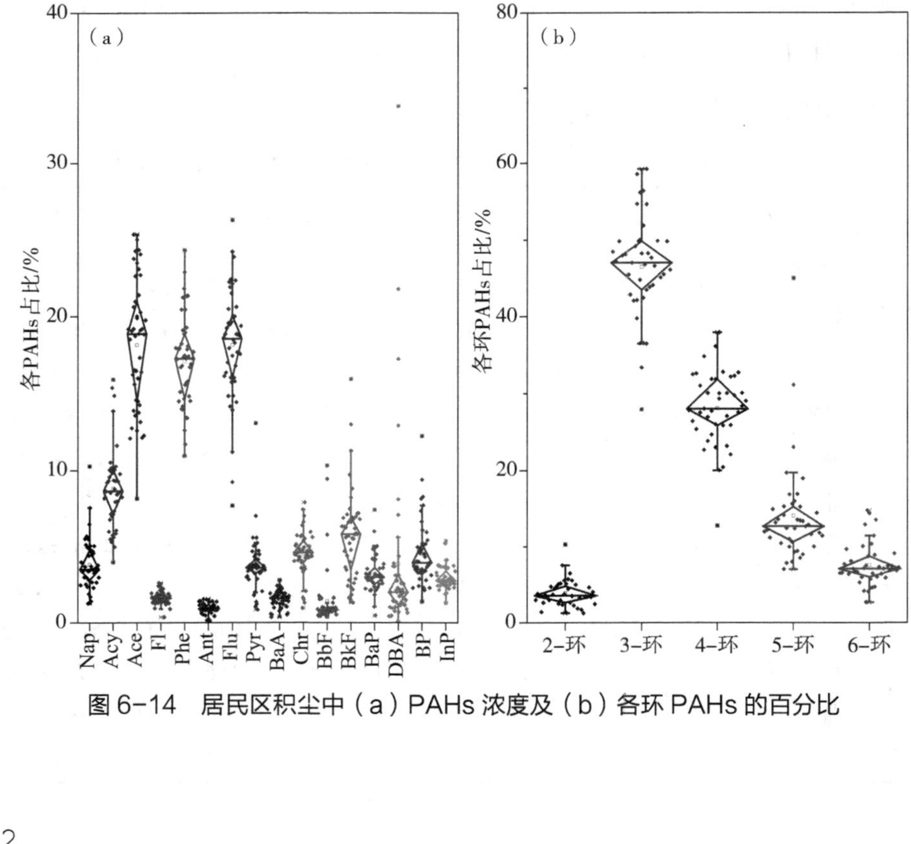

图 6-14 居民区积尘中（a）PAHs 浓度及（b）各环 PAHs 的百分比

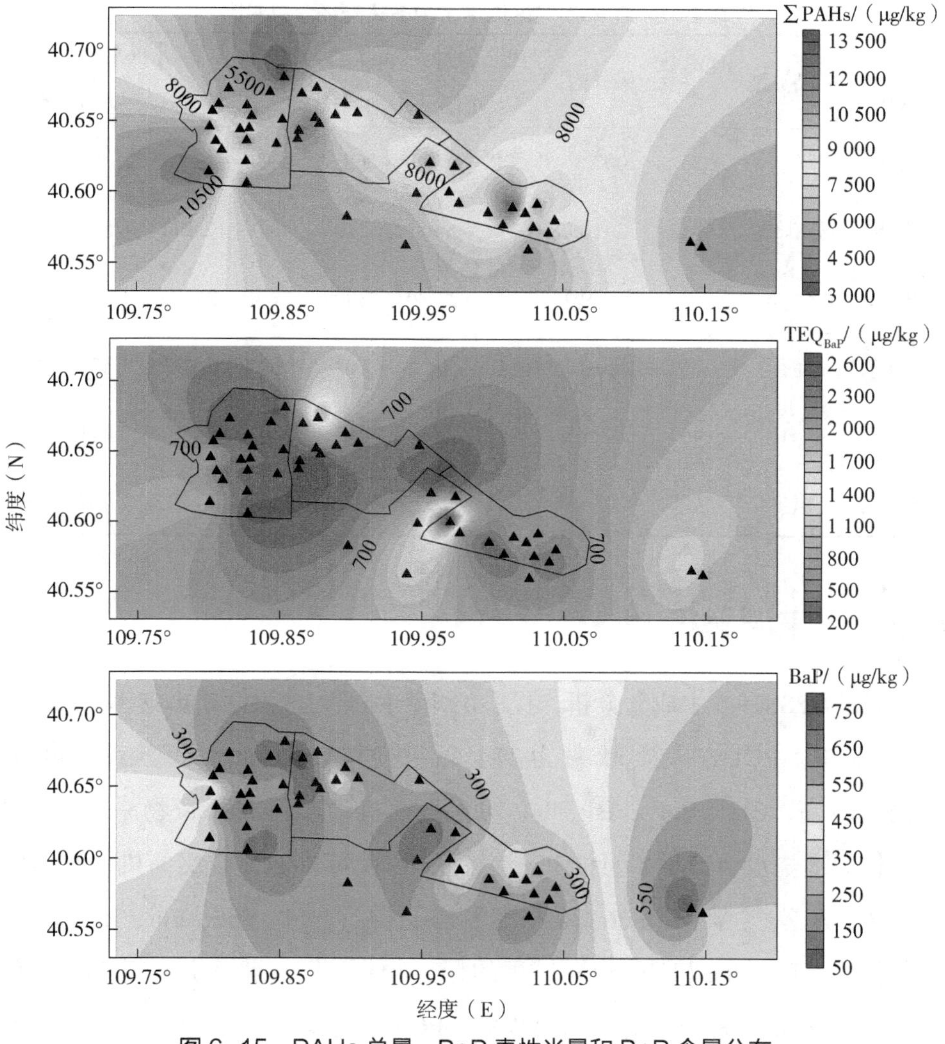

图 6-15　PAHs 总量、BaP 毒性当量和 BaP 含量分布

与国内其他研究区域相比，PAHs 总量与 BaP 含量明显高于广州城市降尘，与中国香港室内灰尘接近，远低于天津市降尘。与国外研究相比，∑PAHs 量与 BaP 含量明显高于巴基斯坦拉合尔地面尘，稍高于意大利巴勒莫室内尘（见表 6-8）。

表 6-8　不同研究区域尘土中多环芳烃含量对比

研究区域	样品类型	样品数（个）	采样时间	BaP 含量 /（μg/kg）		PAHs 含量 /（μg/kg）		文献来源
				范围	平均值	范围	平均值	
天津	降尘	26	2002.3 ~ 8	20 ~ 2 770	568.3	1 030 ~ 48 190	21 000	[210]
广州	城市降尘	96	2010.08	40 ~ 540	240	840 ~ 12 300	4 800	[211]
中国香港	室内尘	55	2010	110 ~ 2 280	380	1 640 ~ 27 300	6 180	[28]
拉合尔	地面尘	26	2014	1.1 ~ 757	102	16.1 ~ 6 757	1 528	[212]
巴勒莫	室内尘	45	2007	1.8 ~ 608	112	36 ~ 34 453	5 111	[213]
本研究	积尘	46	2014.06	34.35 ~ 762.7	239.2	2 868 ~ 14 218	7 404	—

6.3.2　来源解析

通过 SPSS19.0 主成分分析，提取出 4 个因子，累积方差贡献率为 72.0%（见表 6–9）。PC1 方差贡献率为 27.1%，其中 Pyr、Chr、BaP、BP、InP 因子载荷较高，Chr、BaP 、BP、InP 均为汽油机动车排放标识物[214–219]，化石燃料的燃烧也会产生少量的 Pyr[220–222]，因此可将 PC1 定义为机动车尾气源。PC2 方差贡献率为 26.4%，其中 Ace、Acy、Fl、Phe、Flu、BaA 因子载荷较高，Fl、Phe 和 Flu 是燃煤源的标记物[218,223]，且燃烧也产生 Acy 和 Ace[224]，因此可将 PC2 定义为燃煤源。PC3 方差贡献率为 10.0%，其中 Ant 因子载荷较高，Ant 主要来源于木材等生物质的燃烧[215,222,225]，因此 PC3 可定义为生物质燃烧源。PC4 方差贡献率为 8.5%，其中 BbF 因子载荷较高，因此 PC4 可定义为柴油燃烧[215,221]。

表 6-9 居民区积尘样品中 PAHs 主成分分析

PAH	成分			
	PC1	PC2	PC3	PC4
NaP	0.165	0.394	0.428	–0.231
Ace	0.092	**0.851**	0.094	0.023
Acy	0.247	**0.801**	0.046	–0.221
Fl	0.317	**0.759**	0.055	–0.059
Phe	0.298	**0.828**	0.258	–0.055
Ant	0.405	–0.031	**0.564**	0.488
Flu	0.504	**0.690**	0.286	0.161
Pyr	**0.672**	0.332	0.074	–0.024
BaA	–0.001	**0.751**	–0.221	0.013
Chr	**0.772**	0.445	0.175	0.050
BbF	0.004	–0.009	–0.065	**0.860**
BkF	0.490	0.204	0.194	–0.462
BaP	**0.946**	0.103	0.106	0.020
DBA	0.070	–0.032	–0.887	0.099
BP	**0.808**	0.086	–0.024	–0.111
InP	**0.893**	0.196	–0.053	0.059
解释的方差 /%	**27.1**	26.4	10.0	8.5

注：* 载荷 >0.6 加粗表示。

6.3.3 风险评价

通过式（6–3）计算 BaP 总毒性当量浓度（TEQ_{BaP}）。

$$TEQ_{Bap}=\sum_{i=1}^{n}\left(C_i\times TEF_i\right) \tag{6–3}$$

式中，TEQ_{BaP} 是总毒性当量浓度，μg/kg；C_i 是第 i 个 PAHs 的质量浓

度，μg/kg；TEF_i 是第 i 个 PAHs 的毒性当量因子。

结果显示，总毒性当量浓度介于 231.8 ~ 3 102 μg/kg，平均为 614.0 ± 497.1 μg/kg，7 种致癌 PAHs 毒性当量浓度介于 226.8 ~ 3 096 μg/kg，平均为 604.8 ± 496.8 μg/kg。7 种致癌 PAHs 毒性当量浓度占 16 种 PAHs 毒性当量浓度的 98.1%，其中 BkF、BaP 和 DBA 为主要对 PAHs 总毒性当量浓度有贡献的 PAHs，占总 PAHs 毒性当量浓度的 88.8%。

6.4 小结

（1）受污染源分布和主导风向影响，居民区积尘中 Fe、Mn、Cr、V 等元素富集因子均呈现昆都仑区＞青山区＞九原区＞东河区。东河区受周边大型燃煤电厂和北梁拆迁改造的影响，Al 和 Co 元素富集因子高于其他研究区域。Fe、Mn、Cr、V、Zn 和 Cu 等元素含量随着采样点至钢铁冶炼企业距离增加而减小，Fe、Mn 和 Cr 尤为明显，表明钢铁冶炼企业排放可能是居民区积尘中这些元素的主要来源。地累积指数、潜在生态风险指数和风险评价指数结果表明，Hg、Cd、Pb 元素风险较高。

（2）居民区积尘各形态 ∑REEs 大小顺序依次为残渣态＞铁锰氧化物结合态＞有机质结合态＞碳酸盐结合态＞可交换态。四个研究区黄土标准化的稀土配分模式类似，均呈现轻稀土富集模式。各形态 ∑REEs 随着 Mn 和 Fe 含量的升高而升高，表明这些稀土元素与 Mn 和 Fe 有着相同的来源。各形态 ∑REEs 随着 La/Yb 和 Gd/Yb 值的增大而升高，表明各形态 ∑REEs 随着轻稀土的富集程度增加而升高。∑REEs 和 La、Ce、Pr、Nd 4 种轻稀土元素的富集因子与钢铁冶炼企业的距离显著负相关，表明钢铁冶炼企业对居民区积尘中稀土元素含量有显著影响。

（3）16 种多环芳烃主要以 3 ~ 4 环多环芳烃为主，占总多环芳烃的

48.0%～86.4%，平均占总多环芳烃的 74.5%。主成分分析结果表明，包头居民区积尘中多环芳烃主要来源为汽油机动车排放、燃煤源、生物质燃烧和柴油车排放。16 种 PAHs 中 BkF、BaP 和 DBA 为主要对 PAHs 总毒性当量浓度有贡献的 PAHs。

7 结论

本书对包头市大气污染特征进行了系统分析，开展了颗粒物中水溶性离子、有机碳、元素碳、金属元素等化学组分的时空分布特征、来源和形成机制研究，总结了颗粒物中典型污染物与重污染天气过程的响应关系，将Tessier形态分析法引入居民区积尘金属元素和稀土元素环境地球化学行为研究，初步判识了钢铁冶炼企业对包头市大气污染的影响范围。主要结论如下：

（1）包头市大气污染以煤烟型和沙尘型污染为特征，明显区别于京津冀、长三角、珠三角等地区。春季以 PM_{10} 污染为主，夏季以 O_3 污染为主，秋、冬两季 PM_{10} 和 $PM_{2.5}$ 均有不同程度污染，有明显季节变化特征。

（2）Ca^{2+}、Na^{+}、Si、Al、Fe、Ti 等与沙尘天有较好响应关系，SO_4^{2-}、NO_3^{-}、NH_4^{+}、K^{+}、Cl^{-}、Pb、Zn、Mn、Cr、As、Cd 等均与雾霾天有较好响应关系，揭示不同污染天气情况下颗粒物来源的差异。

（3）OC、EC、Pb、Cd 和 Hg 等更倾向富集于细颗粒物上，Si、Al、Fe、Ti 和 Cu 等主要存在于粗颗粒物上，揭示细颗粒潜在生态风险更大。

（4）居民区积尘中 Pb、Zn、Cu、Cd、Hg 等元素主要富集于次生相，Al、Ti、V、Cr、Fe、As、Ni、Mn 等元素主要富集于原生相。生态风险评估结果显示，Cd、Hg 的潜在生态风险达到高和极高级别，Pb、Zn、Cu 有一定潜在生态风险。

（5）居民区积尘中 Fe、Mn 等钢铁冶炼标识物、∑REEs、La、Ce、Pr、Nd 等的含量均呈明显的反距离效应，同时积尘中稀土元素配分模式与白云鄂博铁矿石一致，揭示钢铁冶炼企业对居民区积尘中金属和稀土元素的贡献。

参考文献

［1］Brunekreef B，Holgate S T. Air pollution and health［J］. The Lancet，2002，360（9341）：1233-1242.

［2］Gurjar B R，Jain A，Sharma A，et al. Human health risks in megacities due to air pollution［J］. Atmospheric Environment，2010，44（36）：4606-4613.

［3］Gorai A K，Tuluri F，Tchounwou P B. A GIS based approach for assessing the association between air pollution and Asthma in New York State，USA［J］. International Journal of Environmental Research and Public Health，2014，11（5）：4845-4869.

［4］Hyslop N P. Impaired visibility：the air pollution people see［J］. Atmospheric Environment，2009，43（1）：182-195.

［5］Kan H D，London S J，Chen G H，et al. Differentiating the effects of fine and coarse particles on daily mortality in Shanghai，China［J］. Environment International，2007，33（3）：376-384.

［6］徐祥德，施晓晖，谢立安，等．城市冬、夏季大气污染气、粒态复合型相关空间特征［J］．中国科学（D 辑：地球科学），2005，35（S1）：53-65.

［7］辛金元，王跃思，唐贵谦，等．2008 年奥运期间北京及周边地区大气污染物消减变化［J］．科学通报，2010，55（15）：1510-1519.

［8］唐孝炎，张远航，邵敏．大气环境化学（第 2 版）［M］．北京：高等教育出版社，2006.

［9］胡越．包头市空气质量状况（2011-2015）及其与气象条件的关系［D］．呼和浩特：内蒙古大学，2016.

［10］Seinfeld J H，S. N. Pandis Atmospheric chemistry and physics：from air pollution to climate Change［M］. New York：Wiley，2006.

［11］贺克斌，杨复沫，段凤魁，等．大气颗粒物与区域复合污染［M］．北京：科学出版社，2011.

［12］冯鑫媛．兰州不同粒径颗粒物污染特征及沙尘天气对其影响的研究［D］．兰州：兰州大学，2009.

［13］Wei Y J，Han I K，Shao M，et al. $PM_{2.5}$ constituents and oxidative DNA damage in humans［J］. Environmental Science & Technology，2009，43（13）：4757-4762.

［14］GB 3095—2012. 环境空气质量标准［S］．北京：中国环境科学出版社，2012.

［15］许嘉．基于化学组分和来源解析的颗粒物室内外相关性及健康风险研究［D］．天津：南开大学，2014.

［16］OMS. WHO air quality guidelines global update 2005［R］. Bonn：WHO Regional Office for Europe，2005.

［17］中华人民共和国环境保护部．2014 年中国环境状况公报［R］．北京：中华人民共和国环境保护部，2014.

［18］Crimmins B S. Characterization of carbonaceous aerosol：Improved methods，sources and size distributions［D］. Maryland：University of Maryland，2006.

［19］He K，Zhao Q，Ma Y，et al. Spatial and seasonal variability of $PM_{2.5}$ acidity at two Chinese megacities: insights into the formation of secondary inorganic aerosols［J］. Atmospheric Chemistry and Physics，2012，12：1377-1395.

[20] Manuel A L G，Araya M C，Alvarado A M，et al. Uncertainty estimation of anions and cations measured by ion chromatography in fine urban ambient particles（$PM_{2.5}$）[J] . Accreditation and Quality Assurance，2012，17：53-63.

[21] Waldman J M，Lioy P J，Zelenka M，et al. Wintertime measurements of aerosol acidity and trace elements in Wuhan，a city in central China [J] . Atmospheric Environment part B Urban Atmosphere，1991，25（1）：113-120.

[22] He J，Balasubramanian R. Rain-aerosol coupling in the tropical atmosphere of Southeast Asia：distribution and scavenging ratios of major ionic species [J] . Journal of Atmospheric Chemistry，2008，60：205-220.

[23] Baek B H，Aneja V P，Tong Q S. Chemical coupling between ammonia，acid gases，and fine particles [J] . Environmental Pollution，2004，129（1）：89-98.

[24] Deng X L，Shi C E，Wu B W，et al. Characteristics of the water-soluble components of aerosol particles in Hefei，China [J] . Journal of Environmental Sciences，2016，42：32-40.

[25] Pathak R K，Wu W S，Wang T. Summertime $PM_{2.5}$ ionic species in four major cities of China：nitrate formation in an ammonia-deficient atmosphere [J] . Atmospheric Chemistry and Physics，2009，9：1711-1722.

[26] Wang G H，Wang H，Yu Y J，et al. Chemical characterization of water-soluble components of PM_{10} and $PM_{2.5}$ atmospheric aerosols in five locations of Nanjing，China [J] . Atmospheric Environment，2003，37（21）：2893-2902.

[27] 余学春 . 北京 $PM_{2.5}$ 水溶性物种污染特征及来源解析 [D] . 北京：清华大学，2004.

[28] Kang Y，Cheung K C，Wong M H. Polycyclic aromatic hydrocarbons

(PAHs) in different indoor dusts and their potential cytotoxicity based on two human cell lines [J] . Environment International, 2010, 36 (6): 542-547.

[29] Lin C C, Huang K L, Chen S J, et al. NH_4^+, NO_3^- and SO_4^{2-} in roadside and rural size-resolved particles and transformation of NO_2/SO_2 to nanoparticle-bound NO_3^-/SO_4^{2-} [J] . Atmospheric Environment, 2009, 43 (17): 2731-2736.

[30] Sun Y L, Jiang Q, Wang Z F, et al. Investigation of the sources and evolution processes of severe haze pollution in Beijing in January 2013 [J] . Journal of Geophysical Research Atmospheres, 2014, 119 (7): 4380-4398.

[31] Usher C R, Michel A E, Grassian V H. Reactions on mineral dust [J] . Chemical Reviews, 2003, 103 (12): 4883-4940.

[32] Shen Z X, Cao J J, Arimoto R, et al. Chemical composition and source characterization of spring aerosol over Horqin sand land in northeastern China [J] . Journal of Geophysical Research: Atmospheres, 2007, 112 (D14): 1-15.

[33] Daher N, Ruprecht A, Invernizzi G, et al. Characterization, sources and redox activity of fine and coarse particulate matter in Milan, Italy [J] . Atmospheric Environment, 2012, 49: 130-141.

[34] Dellinger B, Pryor W A, Cueto R, et al. Role of free radicals in the toxicity of airborne fine particulate matter [J] . Chemical Research in Toxicology, 2001, 14 (10): 1371-1377.

[35] Nunes T V, Pio C A. Carbonaceous aerosols in industrial and coastal atmospheres [J] . Atmospheric Environment Part A General Topics, 1993, 27 (8): 1339-1346.

[36] Shafer M M，Perkins D A，Antkiewicz D S，et al. Reactive oxygen species activity and chemical speciation of size-fractionated atmospheric particulate matter from Lahore，Pakistan：an important role for transition metals [J] . Journal of Environmental Monitoring，2010，12：704-715.

[37] Stone E A，Schauer J J，Pradhan B B，et al. Characterization of emissions from South Asian biofuels and application to source apportionment of carbonaceous aerosol in the Himalayas [J] . Journal of Geophysical Research：Atmospheres，2010，115（D6）：1-14.

[38] Subhasis B，Vishal V，Schauer J J，et al. Oxidative potential of semi-volatile and non volatile particulate matter（PM）from heavy-duty vehicles retrofitted with emission control technologies [J] . Environmental Science & Technology，2009，43（10）：3905-3912.

[39] Xia T，Korge P，Weiss J N. Quinones and aromatic chemical compounds in particulate matter induce mitochondrial Dysfunction：Implications for ultrafine particle toxicity [J] . Environmental Health Perspectives，2004，112（14）：1347-1358.

[40] Vedal S. Ambient particles and health：lines that divide [J] . Journal of the Air & Waste Management Association，1997，47：551-581.

[41] Chow J C. Health effects of fine particulate air pollution：lines that connect [J] . Journal of the Air & Waste Management Association，2006，56（6）：707-708.

[42] Mauderly J L，Chow J C. Health effects of organic aerosols [J] . Inhalation Toxicology，2008，20（3）：257-288.

[43] Park S S，Kim Y J，Fung K. $PM_{2.5}$ carbon measurements in two urban areas：Seoul and Kwangju，Korea [J] . Atmospheric Environment，2002，36（8）：1287-1297.

［44］Hansen J，Sato M，Ruedy R，et al. Global warming in the twenty-first century：An alternative scenario［J］. Proceedings of the National Academy of Sciences，2000，97（18）：9875-9880.

［45］Lee J Y，Lane D A，Heo J B，et al. Quantification and seasonal pattern of atmospheric reaction products of gas phase PAHs in $PM_{2.5}$［J］. Atmospheric Environment，2012，55：17–25.

［46］Novakov T. The role of soot and primary oxidants in atmospheric chemistry［J］. Science of the Total Environment，1984，36：1-10.

［47］Bollasina M A，Ming Y，Ramaswamy V. Anthropogenic aerosols and the weakening of the South Asian summer monsoon［J］. science，2011，334（6055）：502-505.

［48］Bond T C，Doherty S J，Fahey D W，et al. Bounding the role of black carbon in the climate system：A scientific assessment［J］. Journal of Geophysical Research：Atmospheres，2013，118（11）：5380-5552.

［49］Hansen J，Sato M，Ruedy R，et al. Efficacy of climate forcings［J］. Journal of Geophysical Research：Atmospheres，2005，110（D18）：1-45.

［50］蒋红梅，王定勇．大气可吸入颗粒物的研究进展［J］．环境与可持续发展，2001，1：11-15.

［51］Cao G L，Zhang X Y，Zheng F C. Inventory of black carbon and organic carbon emissions from China［J］. Atmospheric Environment，2006，40（34）：6516-6527.

［52］Junker C，Liousse C. A global emission inventory of carbonaceous aerosol from historic records of fossil fuel and biofuel consumption for the period 1860-1997［J］. Atmospheric Chemistry and Physics，2008，8：1195-1207.

［53］洪也，周德平，马雁军，等．沈阳城区春节期间大气细颗粒物元素的浓

度变化及其来源［C］. 第26届中国气象学会年会大气成分与天气气候及环境变化分会场论文集. 北京：2009.

［54］陈旸，邢琪，陆春霞，等. 广州市空气可吸入性颗粒物化学元素组成特征［J］. 环境科学研究，1999，12（4）：1-5.

［55］崔蓉，郭新彪，邓芙蓉，等. 大气颗粒物 PM_{10} 和 $PM_{2.5}$ 中水溶性离子及元素分析［J］. 环境与健康杂志，2008，25（4）：291-294.

［56］庄国顺，郭敬华，袁惠，等. 2000年我国沙尘暴的组成、来源、粒径分布及其对全球环境的影响［J］. 科学通报，2001，46（3）：191-197.

［57］Han L H，Cheng S Y，Zhuang G S，et al. The changes and long-range transport of $PM_{2.5}$ in Beijing in the past decade［J］. Atmospheric Environment，2015，110：186-195.

［58］Lai S C，Zou S C，Cao J J，et al. Characterizing ionic species in $PM_{2.5}$ and PM_{10} in four Pearl River Delta cities，south China［J］. Journal of Environmental Sciences，2007，19：939-947.

［59］Wang H L，Zhu B，Shen L J，et al. Water-soluble ions in atmospheric aerosols measured in five sites in the Yangtze River Delta，China：Size-fractionated，seasonal variations and sources［J］. Atmospheric Environment，2015，123：370-379.

［60］Zhou H J，He J，Zhao B Y，et al. The distribution of PM_{10} and $PM_{2.5}$ carbonaceous aerosol in Baotou，China［J］. Atmospheric Research，2016，178–179：102-113.

［61］张媛. 包头市2014、2015年环境空气质量分析［D］. 呼和浩特：内蒙古大学，2016.

［62］包头市统计局. 2014年包头市统计年鉴［M］. 北京：中国统计出版社，2015.

［63］刘永林，孙启民，钟明洋，等. 重庆市主城区 $PM_{2.5}$ 时空分布特征［J］.

环境科学，2016，37（04）：1219-1229.

［64］于阳春，胡波，王跃思．北京东灵山地区主要大气污染物浓度变化特征［J］．环境科学，2013，34（07）：2505-2511.

［65］魏玉香，童尧青，银燕，等．南京 SO_2、NO_2 和 PM_{10} 变化特征及其与气象条件的关系［J］．大气科学学报，2009，32（3）：451-457.

［66］徐峻，张远航．北京市区夏季 O_3 生成过程分析［J］．环境科学学报，2006，26（06）：973-980.

［67］邵平，王莉莉，安俊琳，等．河北张家口市大气污染观测研究［J］．环境科学，2012，33（8）：2538-2550.

［68］王丛梅，杨永胜，李永占，等．2013 年 1 月河北省中南部严重污染的气象条件及成因分析［J］．环境科学研究，2013，26（7）：695-702.

［69］李军，吕爱华，李建刚．“十一五”时期乌鲁木齐市大气污染特征及影响因素分析［J］．中国环境监测，2014，30（2）：14-20.

［70］赵敬国，王式功，王嘉媛，等．兰州市空气污染与气象条件关系分析［J］．兰州大学学报（自科版），2013，49（4）：491-503.

［71］薛亦峰，闫静，魏小强．燃煤控制对北京市空气质量的改善分析［J］．环境科学研究，2014，27（3）：253-258.

［72］邵天杰，赵景波．西安空气质量时空变化特征分析［J］．干旱区研究，2008，25（5）：723-728.

［73］内蒙古自治区环境保护厅．2014 年内蒙古自治区环境状况公报［R］．呼和浩特：内蒙古自治区环境保护厅，2014.

［74］河北省环境保护厅．2014 年河北省环境状况公报［R］．石家庄：河北省环境保护厅，2014.

［75］天津市环境保护局．2014 年天津市环境状况公报［R］．天津：天津市环境保护局，2014.

［76］北京市环境保护局．2014 年北京市环境状况公报［R］．北京：北京市环

境保护局，2014.

［77］青岛市环境保护局 . 2014 年青岛市环境状况公报［R］. 青岛：青岛市环境保护局，2014.

［78］上海市环境保护局 . 2014 年上海市环境状况公报［R］. 上海：上海市环境保护局，2014.

［79］广州市环境保护局 . 2014 年广州市环境状况公报［R］. 广州：广州市环境保护局，2014.

［80］付爱瑞，陈庆芝，罗治定，等 . 碱熔 - 电感耦合等离子体发射光谱法测定大气颗粒物样品中无机元素［J］. 岩矿测试，2011，30（06）：751-755.

［81］苏秀伟 . 硅缓解苹果植株高锰毒害的研究［D］. 泰安：山东农业大学，2011.

［82］Fung K，Chow J C，Watson J G. Evaluation of OC/EC speciation by thermal manganese dioxide oxidation and the IMPROVE method［J］. Journal of the Air & Waste Management Association，2002，52：1333-1341.

［83］Cao J J，Lee S C，Ho K F，et al. Characteristics of carbonaceous aerosol in Pearl River Delta Region，China during 2001 winter period［J］. Atmospheric Environment，2003，37（11）：1451-1460.

［84］Chow J C，Watson J G. $PM_{2.5}$ carbonate concentrations at regionally representative Interagency Monitoring of Protected Visual Environment sites［J］. Journal of Geophysical Research：Atmospheres（1984–2012），2002，107（D21）：ICC 6-1-ICC 6-9.

［85］Cao J J，Lee S C，Ho K F，et al. Spatial and seasonal variations of atmospheric organic carbon and elemental carbon in Pearl River Delta Region，China［J］. Atmospheric Environment，2004，38（27）：4447-

4456.

［86］Allen J O，Hughes L S，Salmon L G，et al. Characterization and evolution of primary and secondary aerosols during $PM_{2.5}$ and PM_{10} episodes in the South Coast Air Basin［R］. California：California Institute of Technology，2000.

［87］Tessier A，Campbell P G C，Bisson M. Sequential extraction procedure for the speciation of particulate trace metals［J］. Analytical Chemistry，1979，51（7）：844-851.

［88］谢丹丹，祁建华，张瑞峰．青岛不同强度霾天气溶胶中二次无机离子的生成及粒径分布［J］．环境科学，2017，38（7）：2667-2678.

［89］Wang Y，Zhuang G S，Zhang X Y，et al. The ion chemistry，seasonal cycle，and sources of $PM_{2.5}$ and TSP aerosol in Shanghai［J］. Atmospheric Environment，2006，40（16）：2935-2952.

［90］Meng Z Y，Jiang X M，Yan P，et al. Characteristics and sources of $PM_{2.5}$ and carbonaceous species during winter in Taiyuan，China［J］. Atmospheric Environment，2007，41（32）：6901-6908.

［91］Hassan S K，Khoder M I. Chemical characteristics of atmospheric $PM_{2.5}$ loads during air pollution episodes in Giza，Egypt［J］. Atmospheric Environment，2017，150：346-355.

［92］Wang Y，Zhuang G S，Tang A H，et al. The ion chemistry and the source of $PM_{2.5}$ aerosol in Beijing［J］. Atmospheric Environment，2005，39（21）：3771-3784.

［93］韩月梅，沈振兴，曹军骥，等．西安市大气颗粒物中水溶性无机离子的季节变化特征［J］．环境化学，2009，28（2）：261-266.

［94］中国环境监测总站．中国土壤元素背景值［M］．北京：中国环境科学出版社，1990.

［95］Hu Q J，Zhang L M，Evans G J，et al. Variability of atmospheric ammonia related to potential emission sources in downtown Toronto，Canada［J］. Atmospheric Environment，2014，99：365-373.

［96］Hu G Y，Zhang Y M，Sun J Y，et al. Variability，formation and acidity of water-soluble ions in $PM_{2.5}$ in Beijing based on the semi-continuous observations［J］. Atmospheric Research，2014，145–146：1-11.

［97］Chow J C，Watson J G，Kuhns H，et al. Source profiles for industrial，mobile，and area sources in the Big Bend Regional Aerosol Visibility and Observational study［J］. Chemosphere，2004，54（2）：185-208.

［98］Shen Z X，Cao J J，Arimoto R，et al. Ionic composition of TSP and $PM_{2.5}$ during dust storms and air pollution episodes at Xi'an，China［J］. Atmospheric Environment，2009，43（18）：2911-2918.

［99］Cheng H R，Gong W，Wang Z W，et al. Ionic composition of submicron particles（$PM_{1.0}$）during the long-lasting haze period in January 2013 in Wuhan，central China［J］. Journal of Environmental Sciences，2014，26（4）：810-817.

［100］Chow J C，Watson J G，Fujita E M，et al. Temporal and spatial variations of $PM_{2.5}$ and PM_{10} aerosol in the Southern California air quality study［J］. Atmospheric Environment，1994，28（12）：2061-2080.

［101］Hennigan C J，Izumi J，Sullivan A P，et al. A critical evaluation of proxy methods used to estimate the acidity of atmospheric particles［J］. Atmospheric Chemistry and Physics Discussions，2014，14（20）：2775-2790.

［102］Jankowski N，Schmidl C，Marr I L，et al. Comparison of methods for the quantification of carbonate carbon in atmospheric PM_{10} aerosol samples［J］. Atmospheric Environment，2008，42（34）：8055-8064.

[103] Suzuki I，Hayashi K，Igarashi Y，et al. Seasonal variation of water-soluble ion species in the atmospheric aerosols at the summit of Mt. Fuji [J] . Atmospheric Environment，2008，42（34）：8027-8035.

[104] Hewitt C N. The atmospheric chemistry of sulphur and nitrogen in power station plumes [J] . Atmospheric Environment，2001，35（7）：1155-1170.

[105] Wang Y，Zhuang G S，Sun Y L，et al. The variation of characteristics and formation mechanisms of aerosols in dust，haze，and clear days in Beijing [J] . Atmospheric Environment，2006，40（34）：6579-6591.

[106] Tian M，Wang H B，Chen Y，et al. Characteristics of aerosol pollution during heavy haze events in Suzhou，China [J] . Atmospheric Chemistry and Physics，2016，16（11）：7357-7371.

[107] Tian M，Wang H，Chen Y，et al. Highly time-resolved characterization of water-soluble inorganic ions in $PM_{2.5}$ in a humid and acidic mega city in Sichuan Basin，China [J] . Science of the Total Environment，2017，580：224-234.

[108] Khoder M I. Atmospheric conversion of sulfur dioxide to particulate sulfate and nitrogen dioxide to particulate nitrate and gaseous nitric acid in an urban area [J] . Chemosphere，2002，49（6）：675-684.

[109] Behera S N，Betha R，Balasubramanian R. Insights into chemical coupling among acidic gases，ammonia and secondary inorganic aerosols [J] . Aerosol and Air Quality Research，2013，13：1282-1296.

[110] Hassan S K，El–Abssawy A A，Khoder M I. Characteristics of gas-phase nitric acid and ammonium-nitrate-sulfate aerosol，and their gas-phase precursors in a suburban area in Cairo，Egypt [J] . Atmospheric Pollution Research，2013，4（1）：117-129.

［111］Shon Z H，Ghosh S，Kim K H，et al. Analysis of water-soluble ions and their precursor gases over diurnal cycle［J］. Atmospheric Research，2013，132–133：309-321.

［112］Arimoto R，Zhang X Y，Huebert B J，et al. Chemical composition of atmospheric aerosols from Zhenbeitai，China，and Gosan，South Korea，during ACE-Asia［J］. Journal of Geophysical Research：Atmospheres，2004，109（D19）：1-15.

［113］Wang G H，Zhou B H，Cheng C L，et al. Impact of Gobi desert dust on aerosol chemistry of Xi'an，inland China during spring 2009：differences in composition and size distribution between the urban ground surface and the mountain atmosphere［J］. Atmospheric Chemistry and Physics，2013，13：819-835.

［114］Cao J J，Lee S C，Zhang X Y，et al. Characterization of airborne carbonate over a site near Asian dust source regions during spring 2002 and its climatic and environmental significance［J］. Journal of Geophysical Research Atmospheres，2005，110（D3）：1-8.

［115］Claquin T，Schulz M. Modeling the mineralogy of atmospheric dust sources［J］. Journal of Geophysical Research：Atmospheres，1999，104（D18）：22243-22256.

［116］Rastogi N，Sarin M M. Chemistry of aerosols over a semi-arid region：Evidence for acid neutralization by mineral dust［J］. Geophysical Research Letters，2006，33：1-4.

［117］Wang Y，Zhuang G S，Tang A H，et al. The evolution of chemical components of aerosols at five monitoring sites of China during dust storms［J］. Atmospheric Environment，2007，41（5）：1091-1106.

［118］Kondratyev K Y，Ivlev D L S，Krapivin D V F. Atmospheric aerosol properties［M］. Berlin Heidelberg：Springer，2006.

［119］Dentener F J，Carmichael G R，Zhang Y，et al. The role of mineral aerosol as a reactive surface in the global troposphere［J］. Journal of Geochemical Research：Atmospheres，1996，101（D17）：22869-22889.

［120］García J H，Li W W，Arimoto R，et al. Characterization and implication of potential fugitive dust sources in the Paso del Norte region［J］. Science of the Total Environment，2004，325（1-3）：95-112.

［121］Watson J G，Chow J C. Source characterization of major emission sources in the imperial and Mexicali Valleys along the US/Mexico border［J］. Science of the Total Environment，2001，276（1–3）：33-47.

［122］Khan M F，Shirasuna Y，Hirano K，et al. Characterization of $PM_{2.5}$，$PM_{2.5\text{-}10}$ and $PM_{>10}$ in ambient air，Yokohama，Japan［J］. Atmospheric Research，2010，96（1）：159-172.

［123］Yuan H，Zhuang G S，Li J，et al. Mixing of mineral with pollution aerosols in dust season in Beijing：Revealed by source apportionment study［J］. Atmospheric Environment，2008，42（9）：2141-2157.

［124］Gao X M，Yang L X，Cheng S H，et al. Semi-continuous measurement of water-soluble ions in $PM_{2.5}$ in Jinan，China：Temporal variations and source apportionments［J］. Atmospheric Environment，2011，45（33）：6048-6056.

［125］Huang X J，Liu Z R，Zhang J K，et al. Seasonal variation and secondary formation of size-segregated aerosol water-soluble inorganic ions during pollution episodes in Beijing［J］. Atmospheric Research，2016，168：70-79.

［126］Nicolás J F，Galindo N，Yubero E，et al. Aerosol inorganic ions in a semiarid region on the southeastern Spanish Mediterranean Coast［J］.

Water, Air, and Soil Pollution, 2009, 201: 149-159.

［127］Meng C C, Wang L T, Zhang F F, et al. Characteristics of concentrations and water-soluble inorganic ions in $PM_{2.5}$ in Handan City, Hebei province, China［J］. Atmospheric Research, 2015, 171: 133-146.

［128］Hays M D, Fine P M, Geron C D, et al. Open burning of agricultural biomass: physical and chemical properties of particle-phase emissions［J］. Atmospheric Environment, 2005, 39（36）: 6747-6764.

［129］唐喜斌，黄成，楼晟荣，等. 长三角地区秸秆燃烧排放因子与颗粒物成分谱研究［J］. 环境科学，2014，35（5）：1623-1632.

［130］郑玫，张延君，闫才青，等. 中国 $PM_{2.5}$ 来源解析方法综述［J］. 北京大学学报（自然科学版），2014，50（6）：1141-1154.

［131］杨懂艳，刘保献，张大伟，等. 2012~2013 年间北京市 $PM_{2.5}$ 中水溶性离子时空分布规律及相关性分析［J］. 环境科学，2015，36（3）：768-773.

［132］He Q S, Yan Y L, Guo L L, et al. Characterization and source analysis of water-soluble inorganic ionic species in $PM_{2.5}$ in Taiyuan city, China［J］. Atmospheric Research, 2017, 184: 48-55.

［133］Zhou J B, Xing Z Y, Deng J J, et al. Characterizing and sourcing ambient $PM_{2.5}$ over key emission regions in China I: Water-soluble ions and carbonaceous fractions［J］. Atmospheric Environment, 2016, 135: 20-30.

［134］Xu J S, Xu M X, Snape C, et al. Temporal and spatial variation in major ion chemistry and source identification of secondary inorganic aerosols in Northern Zhejiang Province, China［J］. Chemosphere, 2017, 179: 316-330.

［135］Colbeck I, Harrison R M. Ozone-secondary aerosol-visibility relationships in North-West England［J］. Science of the Total Environment，1984，34（1-2）：87-100.

［136］Ohta S，Okita T. A chemical characterization of atmospheric aerosol in Sapporo［J］. Atmospheric Environmentpart Part A general Topics，1990，24（4）：815-822.

［137］Kaneyasu N，Yoshikado H，Mizuno T，et al. Chemical forms and sources of extremely high nitrate and chloride in winter aerosol pollution in the Kanto Plain of Japan［J］. Atmospheric Environment，1999，33（11）：1745-1756.

［138］Sun Y L，Zhuang G S，Wang Y，et al. The air-borne particulate pollution in Beijing-concentration，composition，distribution and sources［J］. Atmospheric Environment，2004，38（35）：5991-6004.

［139］Zhang R，Jing J，Tao J，et al. Chemical characterization and source apportionment of $PM_{2.5}$ in Beijing：seasonal perspective［J］. Atmospheric Chemistry and Physics，2013，13（14）：7053-7074.

［140］Gupta A，Kumar R，Kumari K M，et al. Measurement of NO_2，HNO_3，NH_3 and SO_2 and related particulate matter at a rural site in Rampur，India［J］. Atmospheric Environment，2003，37（34）：4837-4846.

［141］Saxena M，Sharma A，Sen A，et al. Water soluble inorganic species of PM_{10} and $PM_{2.5}$ at an urban site of Delhi，India：Seasonal variability and sources［J］. Atmospheric Research，2016，184：112-125.

［142］Sharma M，Kishore S，Tripathi S N，et al. Role of atmospheric ammonia in the formation of inorganic secondary particulate matter：A study at Kanpur，India［J］. Journal of Atmospheric Chemistry，2007，58：1-17.

［143］Zhang T，Cao J J，Tie X X，et al. Water-soluble ions in atmospheric aerosols measured in Xi'an，China：Seasonal variations and sources［J］.

Atmospheric Research, 2011, 102 (1–2): 110-119.

[144] Zhang F W, Zhao J P, Chen J S, et al. Pollution characteristics of organic and elemental carbon in $PM_{2.5}$ in Xiamen, China [J] . Journal of Environmental Sciences, 2011, 23 (8): 1342-1349.

[145] Turpin B J, Huntzicker J J. Identification of secondary organic aerosol episodes and quantitation of primary and secondary organic aerosol concentrations during SCAQS [J] . Atmospheric Environment, 1995, 29 (23): 3527-3544.

[146] Gu J X, Bai Z P, Liu A X, et al. Characterization of atmospheric organic carbon and element carbon of $PM_{2.5}$ and PM_{10} at Tianjin, China [J] . Aerosol and Air Quality Research, 2010, 10 (2): 167-176.

[147] Li B, Zhang J, Zhao Y, et al. Seasonal variation of urban carbonaceous aerosols in a typical city Nanjing in Yangtze River Delta, China [J] . Atmospheric Environment, 2015, 106: 223-231.

[148] Lin J J, Tai H-S. Concentrations and distributions of carbonaceous species in ambient particles in Kaohsiung City, Taiwan [J] . Atmospheric Environment, 2001, 35 (15): 2627-2636.

[149] Didyk B M, Simoneit B R, Pezoa L A, et al. Urban aerosol particles of Santiago, Chile: organic content and molecular characterization [J] . Atmospheric Environment, 2000, 34 (8): 1167-1179.

[150] He K B, Yang F M, Ma Y L, et al. The characteristics of $PM_{2.5}$ in Beijing, China [J] . Atmospheric Environment, 2001, 35 (29): 4959-4970.

[151] Li W F, Bai Z P. Characteristics of organic and elemental carbon in atmospheric fine particles in Tianjin, China [J] . Particuology, 2009, 7 (6): 432-437.

[152] Pachauri T, Singla V, Satsangi A, et al. Characterization of carbonaceous aerosols with special reference to episodic events at Agra, India [J]. Atmospheric Research, 2013, 128: 98-110.

[153] Chen Y, Xie S D, Luo B, et al. Characteristics and origins of carbonaceous aerosol in the Sichuan Basin, China [J]. Atmospheric Environment, 2014, 94: 215-223.

[154] Zhao P S, Dong F, Yang Y D, et al. Characteristics of carbonaceous aerosol in the region of Beijing, Tianjin, and Hebei, China [J]. Atmospheric Environment, 2013, 71: 389-398.

[155] Strader R, Lurmann F, Pandis S N. Evaluation of secondary organic aerosol formation in winter [J]. Atmospheric Environment, 1999, 33 (29): 4849-4863.

[156] Park S S, Kim Y J, Fung K. Characteristics of $PM_{2.5}$ carbonaceous aerosol in the Sihwa industrial area, Korea [J]. Atmospheric Environment, 2001, 35 (4): 657-665.

[157] Mancilla Y, Herckes P, Fraser M P, et al. Secondary organic aerosol contributions to $PM_{2.5}$ in Monterrey, Mexico: Temporal and seasonal variation [J]. Atmospheric Research, 2015, 153: 348-359.

[158] Kim K H, Sekiguchi K, Kudo S, et al. Characteristics of atmospheric elemental carbon (char and soot) in ultrafine and fine particles in a roadside environment, Japan [J]. Aerosol and Air Quality Research, 2011, 11 (1): 1-12.

[159] John H. Seinfeld S N P. Atmospheric chemistry and physics: from air pollution to climate change (Second Edition) [M]. New York: Wiley, 2006.

[160] Turpin B J, Huntzicker J J. Secondary formation of organic aerosol in the

Los Angeles basin：A descriptive analysis of organic and elemental carbon concentrations [J] . Atmospheric Environment Part A General Topics，1991，25（2）：207-215.

[161] Dan M，Zhuang G S，Li X X，et al. The characteristics of carbonaceous species and their sources in $PM_{2.5}$ in Beijing [J] . Atmospheric Environment，2004，38（21）：3443-3452.

[162] Cabada J C，Pandis S N，Subramanian R，et al. Estimating the secondary organic aerosol contribution to $PM_{2.5}$ using the EC tracer method [J] . Aerosol Science and Technology，2004，38（S1）：140-155.

[163] Castro L，Pio C，Harrison R M，et al. Carbonaceous aerosol in urban and rural European atmospheres：estimation of secondary organic carbon concentrations [J] . Atmospheric Environment，1999，33（17）：2771-2781.

[164] Khan M B，Masiol M，Formenton G，et al. Carbonaceous $PM_{2.5}$ and secondary organic aerosol across the Veneto region（NE Italy）[J] . Science of the Total Environment，2016，542：172-181.

[165] Grivas G，Cheristanidis S，Chaloulakou A. Elemental and organic carbon in the urban environment of Athens. Seasonal and diurnal variations and estimates of secondary organic carbon [J] . Science of the Total Environment，2012，414：535-545.

[166] Cao J J，Lee S C，Chow J C，et al. Spatial and seasonal distributions of carbonaceous aerosols over China [J] . Journal of Geophysical Research：Atmospheres，2007，112（D22）：1-9.

[167] Dan M，Zhuang G S，Li X X，et al. The characteristics of carbonaceous species and their sources in $PM_{2.5}$ in Beijing [J] . Atmospheric Environment，2004，38（21）：3443-3452.

［168］Duan F K，He K B，Ma Y L，et al. Characteristics of carbonaceous aerosols in Beijing，China［J］. Chemosphere，2005，60（3）：355-364.

［169］Zhang X Y，Wang Y Q，Zhang X C，et al. Carbonaceous aerosol composition over various regions of China during 2006［J］. Journal of Geophysical Research：Atmospheres，2008，113（D14）：1-10.

［170］Na K，Sawant A A，Song C，et al. Primary and secondary carbonaceous species in the atmosphere of western riverside County，California［J］. Atmospheric Environment，2004，38（9）：1345-1355.

［171］Liu C H，Liu J J，Wang J P，et al. Geochemical characteristics of rare earth elements and their implications for the Huachanggou gold deposit in Shaanxi Province，China［J］. Journal of Rare Earths，2013，31（2）：215-226.

［172］Cheng H G，Hao F H，Ouyang W，et al. Vertical distribution of rare earth elements in a wetland soil core from the Sanjiang Plain in China［J］. Journal of Rare Earths，2012，30（7）：731-738.

［173］刘广通 . 呼和浩特市大气降尘及源分析［D］. 呼和浩特：内蒙古师范大学，2008.

［174］Manoli E，Voutsa D，Samara C. Chemical characterization and source identification/apportionment of fine and coarse air particles in Thessaloniki，Greece［J］. Atmospheric Environment，2002，36（6）：949-961.

［175］Zhang H D，Huang B，Dong L L，et al. Accumulation，sources and health risks of trace metals in elevated geochemical background soils used for greenhouse vegetable production in southwestern China［J］. Ecotoxicology and Environmental Safety，2017，137：233-239.

［176］Guney M，Onay T T，Copty N K. Impact of overland traffic on heavy metal levels in highway dust and soils of Istanbul，Turkey［J］.

Environmental Monitoring and Assessment，2010，164：101-110.

［177］Zhai Y B，Liu X T，Chen H M，et al. Source identification and potential ecological risk assessment of heavy metals in $PM_{2.5}$ from Changsha［J］. Science of the Total Environment，2014，493：109-115.

［178］Wang J H，Li S W，Cui X Y，et al. Bioaccessibility，sources and health risk assessment of trace metals in urban park dust in Nanjing，Southeast China［J］. Ecotoxicology and Environmental Safety，2016，128：161-170.

［179］Che Y C，Lin S L. Characteristics of concentrations and metal compositions for $PM_{2.5}$ and $PM_{2.5-10}$ in Yunlin County，Taiwan during air quality deterioration［J］. Aerosol and Air Quality Research，2015，15（7）：2571-2583.

［180］韩力慧，张鹏，张海亮，等. 北京市大气细颗粒物污染与来源解析研究［J］. 中国环境科学，2016，36（11）：3203-3210.

［181］Kulshrestha A，Satsangi P G，Masih J，et al. Metal concentration of $PM_{2.5}$ and PM_{10} particles and seasonal variations in urban and rural environment of Agra，India［J］. Science of the Total Environment，2009，407（24）：6196-6204.

［182］廖国礼，周音达，吴超. 尾矿区重金属污染浓度预测模型及其应用［J］. 中南大学学报（自然科学版），2004，35（6）：1009-1013.

［183］Chlopecka A. Assessment of form of Cd，Zn and Pb in contaminated calcareous and gleyed soils in Southwest Poland［J］. Science of the Total Environment，1996，188（2–3）：253-262.

［184］Rodríguez L，Ruiz E，Alonso-Azcárate J，et al. Heavy metal distribution and chemical speciation in tailings and soils around a Pb–Zn mine in Spain［J］. Journal of Environmental Management，2009，90（2）：1106-1116.

［185］Anju M，Banerjee D K. Comparison of two sequential extraction procedures for heavy metal partitioning in mine tailings［J］. Chemosphere，2010，78（11）：1393-1402.

［186］He Z L，Yang X E，Stoffella P J. Trace elements in agroecosystems and impacts on the environment［J］. Journal of Trace Elements in Medicine and Biology，2005，19（2–3）：125-140.

［187］Anju M，Banerjee D K. Multivariate statistical analysis of heavy metals in soils of a Pb-Zn mining area，India［J］. Environmental Monitoring and Assessment，2012，184：4191-4206.

［188］Cano A F，Carmona D M，Zornoza R，et al. Assessment of the lead and zinc contents in natural soils and tailing ponds from the Cartagena-La Unión mining district，SE Spain［J］. Journal of Geochemical Exploration，2013，124：166-175.

［189］Du P，Xue N D，Liu L，et al. Distribution of Cd，Pb，Zn and Cu and their chemical speciations in soils from a peri-smelter area in northeast China［J］. Environmental Geology，2008，55：205-213.

［190］Mahanta M J，Bhattacharyya K G. Total concentrations，fractionation and mobility of heavy metals in soils of urban area of Guwahati，India［J］. Environmental Monitoring and Assessment，2011，173：221-240.

［191］Favas P J C，Pratas J，Gomes M E P，et al. Selective chemical extraction of heavy metals in tailings and soils contaminated by mining activity：Environmental implications［J］. Journal of Geochemical Exploration，2011，111（3）：160-171.

［192］Muller G. Index of geoaccumulation in sediments of the Rhine River［J］. Geojournal，1969，2：108-118.

［193］Tang R L，Ma K M，Zhang Y X，et al. The spatial characteristics and pollution levels of metals in urban street dust of Beijing，China［J］. Applied Geochemistry，2013，35：88-98.

［194］Zhang Y，Hu X N，Yu T. Distribution and risk assessment of metals in sediments from Taihu Lake，China using multivariate statistics and multiple tools［J］. Bulletin of Environmental Contamination and Toxicology，2012，89：1009-1015.

［195］Zhu Z M，Sun G Y，Bi X Y，et al. Identification of trace metal pollution in urban dust from kindergartens using magnetic，geochemical and lead isotopic analyses［J］. Atmospheric Environment，2013，77：9-15.

［196］Hakanson L. An ecological risk index for aquatic pollution control.a sedimentological approach［J］. Water Research，1980，14（8）：975-1001.

［197］徐争启，倪师军，庹先国，等. 潜在生态危害指数法评价中重金属毒性系数计算［J］. 环境科学与技术，2008，31（2）：112-115.

［198］王鸣宇，张雷，秦延文，等. 湘江表层沉积物重金属的赋存形态及其环境影响因子分析［J］. 环境科学学报，2011，31（11）：2447-2458.

［199］董丽华，李亚男，常素云，等. 沉积物中重金属的形态分析及风险评价［J］. 天津大学学报，2009，42（12）：1112-1117.

［200］王图锦，胡学斌，吉芳英，等. 三峡库区淹没区土壤重金属形态分布及其对水质影响［J］. 环境科学研究，2010，23（2）：158-164.

［201］邵莉，肖化云. 公路两侧大气颗粒物中的重金属污染特征及其影响因素［J］. 环境化学，2012，31（3）：315-323.

［202］Weckwerth G. Verification of traffic emitted aerosol components in the ambient air of Cologne（Germany）［J］. Atmospheric Environment，2001，35（32）：5525-5536.

［203］Wang L Q，Liang T. Anomalous abundance and redistribution patterns of rare earth elements in soils of a mining area in Inner Mongolia，China［J］. Environmental Science and Pollution Research，2016，23：11330-11338.

［204］孙剑 . 白云鄂博矿床成因再研究［D］. 北京：中国地质大学（北京），2013.

［205］徐光宪 . 白云鄂博矿钍资源开发利用迫在眉睫［J］. 稀土信息，2005，5：4-5.

［206］Masuda A，Nakamura N，Tanaka T. Fine structures of mutually normalized rare-earth patterns of chondrites［J］. Geochimica Et Cosmochimica Acta，1973，37（2）：239-248.

［207］Tsai P J，Shih T S，Chen H L，et al. Assessing and predicting the exposures of polycyclic aromatic hydrocarbons（PAHs）and their carcinogenic potencies from vehicle engine exhausts to highway toll station workers［J］. Atmospheric Environment，2004，38（2）：333-343.

［208］吴水平，兰天，左谦，等 . 天津地区一些降尘中多环芳烃的含量与分布［J］. 环境科学学报，2004，24（6）：1066-1073.

［209］Wang W，Huang M J，Kang Y，et al. Polycyclic aromatic hydrocarbons（PAHs）in urban surface dust of Guangzhou，China：Status，sources and human health risk assessment［J］. Science of the Total Environment，2011，409（21）：4519-4527.

［210］Kamal A，Malik R N，Martellini T，et al. Cancer risk evaluation of brick kiln workers exposed to dust bound PAHs in Punjab province（Pakistan）［J］. Science of the Total Environment，2014，493：562-570.

［211］Mannino M R，Orecchio S. Polycyclic aromatic hydrocarbons（PAHs）in indoor dust matter of Palermo（Italy）area：Extraction，GC-MS analysis，distribution and sources［J］. Atmospheric Environment，2008，42（8）：1801-1817.

[212] 秦传高，钟秦，胡伟，等. 南京市可吸入颗粒物中多环芳烃的源解析[J]. 环境化学，2008，27（3）：318-321.

[213] Simcik M F，Eisenreich S J，Lioy P J. Source apportionment and source/sink relationships of PAHs in the coastal atmosphere of Chicago and Lake Michigan [J]. Atmospheric Environment，1999，33（30）：5071-5079.

[214] Harrison R M，Smith D J T，Luhana L. Source apportionment of atmospheric polycyclic aromatic hydrocarbons collected from an urban location in Birmingham，U.K [J]. Environmental Science & Technology，1996，30（3）：825-832.

[215] Guo H，Lee S C，Ho K F，et al. Particle-associated polycyclic aromatic hydrocarbons in urban air of Hong Kong [J]. Atmospheric Environment，2003，37（38）：5307-5317.

[216] Larsen R K，Baker J E. Source apportionment of polycyclic aromatic hydrocarbons in the urban atmosphere：a comparison of three methods [J]. Environmental Science & Technology，2003，37（9）：1873-1881.

[217] Dong T T T，Byeongkyu L. Characteristics，toxicity，and source apportionment of polycylic aromatic hydrocarbons（PAHs）in road dust of Ulsan，Korea [J]. Chemosphere，2009，74（9）：1245-1253.

[218] Boonyatumanond R，Wattayakorn G，Togo A，et al. Distribution and origins of polycyclic aromatic hydrocarbons（PAHs）in riverine，estuarine，and marine sediments in Thailand [J]. Marine Pollution Bulletin，2006，52（8）：942-956.

[219] Christensen E R，Bzdusek P A. PAHs in sediments of the Black River and the Ashtabula River，Ohio：source apportionment by factor analysis [J]. Water Research，2005，39（4）：511-524.

[220] Khalili N R，Scheff P A，Holsen T M. PAH source fingerprints for coke

ovens, diesel and, gasoline engines, highway tunnels, and wood combustion emissions [J] . Atmospheric Environment, 1995, 29 (4): 533-542.

[221] 段永红，陶澍，王学军，等 . 天津表土中多环芳烃含量的空间分布特征与来源 [J] . 土壤学报，2005，42 (6)：942-947.

[222] Sofowote U M, Mccarry B E, Marvin C H. Source apportionment of PAH in Hamilton Harbour suspended sediments: comparison of two factor analysis methods [J] . Environmental Science & Technology, 2008, 42 (16): 6007-6014.

[223] Freeman D J, Cattell F C R. Woodburning as a source of atmospheric polycyclic aromatic hydrocarbons [J] . Environmental Science & Technology, 1990, 24: 1581-1585.

附图

优　良　轻度污染　中度污染　重度污染　严重污染

	1	2	3	4	5	6	7	8	9	10	11	12	13	14	15	16	17	18	19	20	21	22	23	24	25	26	27	28	29	30	31
1月	PM_{10}	PM_{10}	PM_{10}	PM_{10}	PM_{10}	PM_{10}	PM_{10}	PM_{10}	PM_{10}	$PM_{2.5}$	PM_{10}	PM_{10}	PM_{10}	PM_{10}	PM_{10}	PM_{10}	PM_{10}	PM_{10}	PM_{10}	PM_{10}	PM_{10}	PM_{10}	PM_{10}	PM_{10}	PM_{10}	PM_{10}	PM_{10}	PM_{10}	PM_{10}	PM_{10}	PM_{10}
2月	$PM_{2.5}$	PM_{10}		SO_2	$PM_{2.5}$	$PM_{2.5}$	SO_2		SO_2	$PM_{2.5}$	$PM_{2.5}$	$PM_{2.5}$	$PM_{2.5}$	$PM_{2.5}$	$PM_{2.5}$	PM_{10}	PM_{10}	$PM_{2.5}$	PM_{10}	PM_{10}	$PM_{2.5}$	$PM_{2.5}$	$PM_{2.5}$	$PM_{2.5}$	$PM_{2.5}$	PM_{10}	PM_{10}	PM_{10}			
3月	PM_{10}	PM_{10}	PM_{10}		PM_{10}	PM_{10}	PM_{10}	PM_{10}	PM_{10}	PM_{10}	PM_{10}		PM_{10}	PM_{10}	PM_{10}	PM_{10}	PM_{10}	PM_{10}	PM_{10}	PM_{10}	PM_{10}	PM_{10}	PM_{10}	PM_{10}	PM_{10}	PM_{10}	PM_{10}	PM_{10}	PM_{10}	PM_{10}	PM_{10}
4月	PM_{10}	PM_{10}	PM_{10}	PM_{10}	PM_{10}	PM_{10}	PM_{10}	PM_{10}	PM_{10}	PM_{10}	$PM_{2.5}$	PM_{10}	PM_{10}	PM_{10}	PM_{10}	PM_{10}	PM_{10}	PM_{10}	PM_{10}	PM_{10}	PM_{10}	PM_{10}	PM_{10}	PM_{10}	PM_{10}	PM_{10}	PM_{10}	PM_{10}	PM_{10}	PM_{10}	
5月	PM_{10}	PM_{10}	PM_{10}		PM_{10}	PM_{10}	PM_{10}	PM_{10}	PM_{10}	PM_{10}	PM_{10}	PM_{10}	PM_{10}	PM_{10}	PM_{10}	PM_{10}	PM_{10}	PM_{10}	PM_{10}	PM_{10}	PM_{10}	O_3	PM_{10}	PM_{10}	PM_{10}	PM_{10}	PM_{10}	PM_{10}	PM_{10}	PM_{10}	PM_{10}
6月	O_3	PM_{10}	PM_{10}	PM_{10}	$PM_{2.5}$	PM_{10}	O_3/PM_{10}	PM_{10}	PM_{10}	PM_{10}	O_3	O_3	PM_{10}	PM_{10}	O_3	PM_{10}	O_3	O_3	PM_{10}	PM_{10}	PM_{10}	O_3	PM_{10}	O_3	O_3	PM_{10}	O_3/PM_{10}	PM_{10}	PM_{10}	O_3	
7月	PM_{10}	PM_{10}	PM_{10}	O_3	O_3	O_3	O_3	PM_{10}	PM_{10}	PM_{10}	PM_{10}	PM_{10}	O_3	PM_{10}	O_3	O_3	O_3	O_3	O_3	PM_{10}		NO_2	O_3/PM_{10}	O_3	O_3	O_3	O_3	O_3	O_3	O_3	O_3
8月	O_3	O_3/PM_{10}	PM_{10}	O_3	PM_{10}	PM_{10}	PM_{10}	O_3	O_3	PM_{10}	O_3	PM_{10}	O_3	PM_{10}	PM_{10}	PM_{10}	PM_{10}	PM_{10}	PM_{10}	PM_{10}	PM_{10}	O_3	PM_{10}	PM_{10}	PM_{10}	PM_{10}	PM_{10}	O_3	PM_{10}	PM_{10}	O_3
9月	PM_{10}		NO_2/PM_{10}	PM_{10}	PM_{10}	$PM_{2.5}$	PM_{10}	PM_{10}	PM_{10}	PM_{10}	PM_{10}	$PM_{2.5}$	PM_{10}	PM_{10}	PM_{10}	PM_{10}	PM_{10}	PM_{10}	PM_{10}	PM_{10}	PM_{10}	PM_{10}		PM_{10}	PM_{10}	PM_{10}	PM_{10}	PM_{10}	PM_{10}	PM_{10}	
10月	PM_{10}	PM_{10}	PM_{10}	PM_{10}	PM_{10}	PM_{10}	PM_{10}	PM_{10}	$PM_{2.5}$	$PM_{2.5}$	PM_{10}	PM_{10}	PM_{10}	PM_{10}	PM_{10}	PM_{10}	PM_{10}	PM_{10}	PM_{10}	PM_{10}	PM_{10}	PM_{10}	PM_{10}	PM_{10}	PM_{10}	PM_{10}	PM_{10}	$PM_{2.5}$	$PM_{2.5}$	$PM_{2.5}$	PM_{10}
11月	PM_{10}	PM_{10}	PM_{10}	PM_{10}	PM_{10}	PM_{10}	PM_{10}	PM_{10}	PM_{10}	$PM_{2.5}$			PM_{10}	PM_{10}	PM_{10}	PM_{10}	PM_{10}	$PM_{2.5}$	$PM_{2.5}$	PM_{10}	PM_{10}	PM_{10}	PM_{10}	PM_{10}	$PM_{2.5}/PM_{10}$	PM_{10}	PM_{10}	PM_{10}	$PM_{2.5}$	PM_{10}	
12月	PM_{10}	PM_{10}	PM_{10}	PM_{10}	PM_{10}	PM_{10}	PM_{10}	PM_{10}	PM_{10}	PM_{10}	PM_{10}	PM_{10}	$PM_{2.5}$	PM_{10}	PM_{10}	PM_{10}	$PM_{2.5}$	PM_{10}	PM_{10}	PM_{10}	PM_{10}	PM_{10}	$PM_{2.5}$	PM_{10}	$PM_{2.5}$	$PM_{2.5}$	$PM_{2.5}$	PM_{10}	$PM_{2.5}$	PM_{10}	PM_{10}

图 2-13　环境空气质量等级和首要污染物